江西农业大学"一村一名大学生工程"暨新型职业农民培训精品教材

农业气象基础知识

Nongye Qixiang Jichu Zhishi

主编　肖金香　叶　清

江西人民出版社
Jiangxi People's Publishing House
全国百佳出版社

图书在版编目（CIP）数据

农业气象基础知识 / 肖金香，叶清主编．— 南昌：江西人民出版社，2018.9（2022.12 重印）

江西农业大学"一村一名大学生工程"暨新型职业农民培训精品教材

ISBN 978-7-210-10621-0

Ⅰ．①农… Ⅱ．①肖… ②叶… Ⅲ．①农业气象—高等学校—教材 Ⅳ．① S16

中国版本图书馆 CIP 数据核字（2018）第 164494 号

农业气象基础知识
NONGYE QIXIANG JICHU ZHISHI

肖金香　叶清　主编

组稿编辑：余　晖　李月华
责任编辑：邓丽红
封面设计：章　雷

江西人民出版社 Jiangxi People's Publishing House 全国百佳出版社 出版发行

地　　址：江西省南昌市三经路 47 号附 1 号（330006）
网　　址：www.jxpph.com
电子信箱：jxpph@tom.com　web@jxpph.com
编辑部电话：0791-86898702
发行部电话：0791-86898815
承　印　厂：南昌市红星印刷有限公司
经　　销：各地新华书店

开　　本：787 毫米 ×1092 毫米　1/16
印　　张：10.75
字　　数：150 千字
版　　次：2018 年 9 月第 1 版
印　　次：2022 年 12 月第 4 次印刷
书　　号：ISBN 978-7-210-10621-0
定　　价：36.00 元
赣版权登字 -01-2018-590

丛书编写说明

农业、农村、农民问题是关系国计民生的根本性问题。没有农业、农村的现代化，就没有国家的现代化。党的十九大提出实施乡村振兴战略，这是党中央从党和国家事业全局出发、着眼于实现“两个一百年”奋斗目标、顺应亿万农民美好生活向往而做出的重大决策，为新时代农业、农村改革发展提供了基本遵循。

习近平总书记指出：“农村经济社会发展，说到底，关键在人。”作为江西省唯一的农业高校，我校从2012年开始承担全省“一村一名大学生工程”人才培养任务，已累计培养农民大学生1.5万名，基本实现全省每个行政村都有一名农民大学生的目标。学校坚持“实际、实用、实效、实践”的培养原则，坚持“不离乡土、不误农时，工学结合、因需施教，分段集中、统一培养”的教学模式，坚持学中和学后双向发力，面授和返乡紧密衔接，紧扣学员工作所需、应用所缺组织教学，形成了“学得好、留得住、用得上、带得动”的良好学习效果。学员中，95%以上扎根在农村，60%以上是中共党员，40%是村两委班子成员，40%为当地农村致富带头人，他们奋斗在精准脱贫的第一线，通过学习，他们更成为基层党组织的“顶梁柱”、脱贫致富的“新希望”和现代农业的“传播者”。“一村一名大学生工程”为富裕美丽幸福现代化江西建设，特别是为江西省乡村振兴战略的实施和打赢脱贫攻坚战，提供了坚实的人力资源基石。因而得到了中共中央政治局常委、全国政协主席汪洋同志的肯定，中央电视台《新闻联播》及《人民日报》等媒体也给予了报道，并且省委主要领导多次给予批示。

新时代有新要求。站在新的起点，我校将以强烈的责任担当，以热忱服务“三农”的政治情怀，按照精设专业、精开课程、精编教材、精建基地、精心管理的“五精”思路，推动工程在教学质量、创业服务、日常管理上的发展升级，打造工程的2.0升级版。

教材是人才培养的基础。精编教材是我校打造“一村一名大学生工程”2.0升级版的重要举措之一。我们组织长期从事“一村一名大学生”一线教学和具有丰富实践经验的专家，在过去内部使用的教材的基础上，围绕“实用”这个核心原则，紧密结合江西农业产业结构特点和农村经济社会发展实际，开发编写出版了这一系列教材。本系列教材通俗易懂，图文并茂，结合了农业最新技术，充满乡土气息，实用性、可读性和创新性很强。

新时代新作为。在编辑出版过程中得到了省委农工部科教处和省农业厅科教处领导的精心指导，对本系列教材提出了诸多意见和建议。我们希望并相信本系列教材的出版使用，对于提升“一村一名大学生”工程培养效果，能够发挥积极作用。我们也期盼，更多的同人关注和深入研究职业农民培养问题，支持我校培养更多“爱农业、懂技术、善经营”的新型职业农民，为“产业振兴、人才振兴、文化振兴、生态振兴、组织振兴”提供坚实保障。

本丛书编委会

2018年7月15日

目录

CONTENTS >>>

第一章　气象知识

第五章　气候与农业

第一章

气象知识

第一节　气象概述

在地球周围包围着一层厚厚的大气层，在大气层里发生着各种各样的物理过程，如辐射能的收入与支出、热量的传递和水分的蒸发与凝结等。这些物理过程在一定的物理条件下转化为物理现象，如风、云、雨、雪、虹、晕、雷、电以及冷、暖、干、湿等。气象学就是研究发生在大气层中的物理过程和物理现象的本质及其变化规律的一门科学。

一、天气概念

气象学在发展过程中，又分出了天气学、气候学等学科。

天气：某地短时间内由各种气象要素综合所决定的大气状态称天气。为了定量地描述天气变化，常采用一些特征量，如温度、湿度、气压、风、云、能见度、降水、日照等。这些特征量就称为气象要素。研究天气的变化规律和预告未来天气变化的一门科学，称天气学。

二、气候概念

某地长时间的大气物理状况，包括正常年份和特殊年份出现的天气状况称气候。例如，江西省历年平均气温为16.4~19.8℃（正常情况），1953年2月6日，彭泽县出现了−18.9℃的低温（特殊情况）。研究气候的形成和变化规律，综合分析和描述一地气候特征的一门科学称气候学。

三、气象研究对象

气象研究对象是大气层内各层大气运动的规律，把大气当作研究的物质客体，从定性和定量两方面来说明大气的特征；研究导致大气现象发生和发展的能量来源、性质及其变化；研究大气现象的本质，进而解释大气现象，寻求其发生、发展的规律。应用气象规律，为各行业服务。

在实践中的应用：主要表现在三方面：一是提供气象观测资料，并加以整理分析，找出它们的规律和特性，供生产建设部门应用；二是提供未来天气预报和气候变化趋势预报，做生产建设部门的参谋；三是根据生产建设需要，提供人工局部控制天气和改善小气候的条件。

四、气象研究任务

（1）观测和研究各种各样的大气现象，大气层与下垫面之间的相互作用及人类活动所产生的气象效应。

（2）系统地、科学地解释这些现象、作用和效益，阐明它们的发生和演变规律。

（3）根据所认识的规律分析诊断和预测过去、现在和未来的天气、气候，为国民经济和人们的日常生活服务。

（4）从理论和实践上探索和模拟人为的天气过程，人为气候环境，为人工影响天气、气候提供科学依据。

五、气象研究方法

气象研究的方法主要有四种，即观测研究、理论研究、数值模式研究及实验研究。

（一）观测研究

通过观测研究可以了解不同的大气现象。观测方法也有很多种，如气象站、高空气球、卫星云图、雷达回波图等。观测研究不只是观测，也有一定程度的归纳和分析，例如一句“明天转冷”，便是一种分析。此外，绘制天气图、整理热带气旋路径、气候区域分类等，也是观测研究所要做的。

（二）理论研究

理论研究有三大部分，除观测外，物理和数学知识对理论研究也很重要。理论可以从两方面产生，一方面是从观测数据中直接建立出来的，例如分析热带气旋强度的德沃扎克分析法，另一方面是从物理理论或其他气象理论演化出来的，例如地转方程、气压梯度方程等。物理理论很多时候需要数学知识的帮助，也就是说，数学语言有时更能使人们明白物理和气象理论。

（三）数值模式研究

数值模式研究是较少人所认识的，对数值模式的研究需要有相当的理论知识、电脑程序技巧和实验技巧。数值模式研究会把不同的物理和气象方程，以电脑程序的方式放进电脑里，再计算出未来温度、湿度、气压、风向等变化，以协助天气预报或理论研究。

（四）实验研究

实验研究因数值模式研究的出现而日渐式微，但仍有其存在价值，例如要验证某些理论，数值模式研究是做不到的。

第二节　气象站的建立

天气预报的地面气象数据来自气象站观测场观测到的第一手资料。气象观测必须要有场地，场地的选择和建立很重要。

一、地面观测场的选址和建立

观测场是气象科学的实验室，是取得气象资料的主要场所和生产服务的基地。因此，观测场应设在能较好地反映本地较大范围气象要素特点的地方，避免受小范围或局部地形的影响。观测场四周必须空旷平坦，避免设在陡坡、洼地，或邻近有丛林、铁路、公路、工矿、烟囱、高大建筑物的地方。在城市或工矿区，观测场应选择在城市或工矿区最多风向的上方。观测场边缘与四周孤立障碍物的距离至少是该障碍物高度的三倍以上；距离成排的障碍物，至少是该障碍物高度的十倍以上；距离较大水体（水库、湖泊、河海）的最高水位线，水平距离至少在一百米以上。观测场四周十米范围内不能种高秆作物，以保证气流畅通。

二、观测场的要求

观测场（图 1–1）大小为 25m × 25m；因条件限制，也可为 16m（东西向）× 20m（南北向）。场地应平整，保持有均匀草层，草高不超过 20cm，场内不准种植作物。为保护场地的自然状态，场内要铺设 0.3~0.5m 宽的小路（不用沥青铺面），人员只准在小路上行走。为保护场内仪器设备，观测场四周用 1.2m 稀疏栏杆围好，漆成白色，保持气流畅通。

图 1-1　地面气象观测场

三、观测场内仪器布置

观测场内仪器布置，要注意互不影响，便于观测操作。具体要求：

（1）高的仪器安置在北面，低的仪器顺次安置在南面，东西排列成行。

（2）仪器之间，南北间距不小于 3m，东西间距不小于 4m。

（3）观测场门最好开在北面。仪器安置在紧靠东西向小路的南面，观测人员应从北面接近仪器。

（4）观测场内仪器布置，参考图 1-2。各类仪器安置高度、深度、方位、纬度、角度的要求及其基准部位，以及每月定期检查所允许的误差范围，见表 1-1。

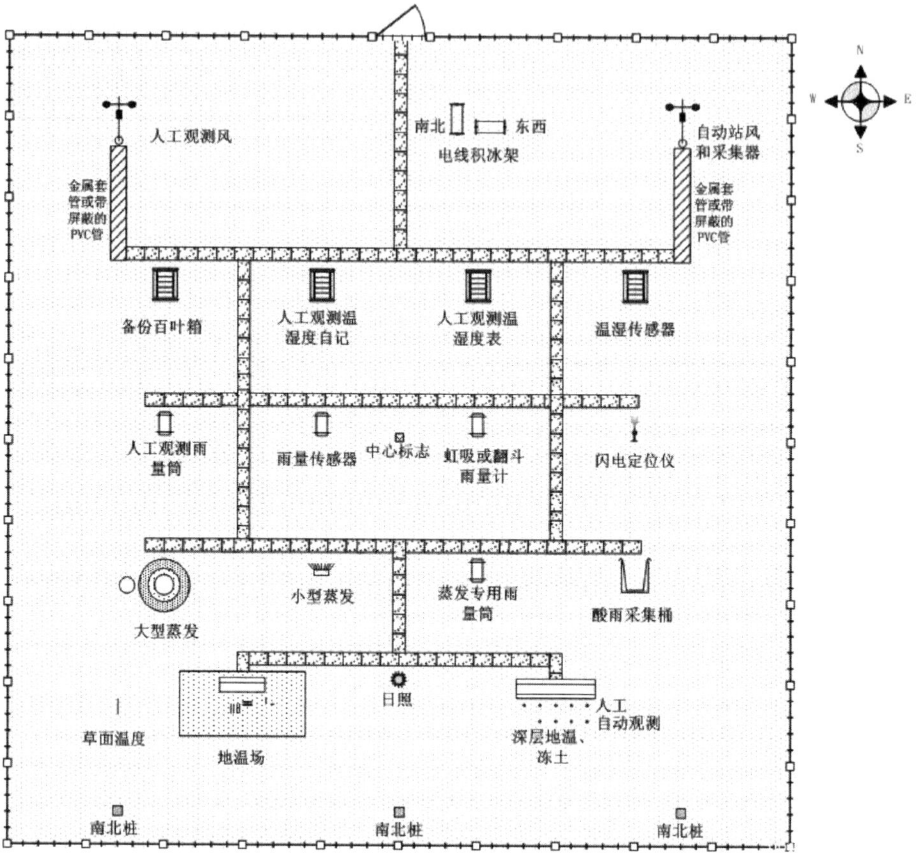

图 1-2　观测场仪器布置参考图

表 1-1　仪器布置要求

仪器	要求与允许误差范围		基准部位
百叶箱通风干湿表	高度 1.5m	±5cm	感应部分中心
干湿球温度表	高度 1.5m	±5cm	感应部分中心
最高温度表	高度 1.53m	±5cm	感应部分中心
最低温度表	高度 1.52m	±5cm	感应部分中心
自记温度计	高度 1.5m	±5cm	感应部分中心
雨量器	高度 70cm	±3cm	口缘
虹吸雨量计	仪器自身高度		
遥测雨量计	仪器自身高度		

（续表）

仪器	要求与允许误差范围		基准部位
小型蒸发器	高度 70cm	±3cm	口缘
E-601 型蒸发器	高度 30cm	±1cm	口缘
地面和地面最高、最低温度表	感应部分和表身埋入土中一半		感应部分中心
曲管温度表	深度 5cm、10cm、15cm、20cm	±1cm	感应部分中心
直管地温表	深度 40cm、80cm	±3cm	感应部分中心
	深度 160cm	±5cm	感应部分中心
	深度 320cm	±10cm	感应部分中心
冻土器	深度 50~350cm	±3cm	内管零线
日照计	高度以便于操作为准		
	纬度以本站纬度为准	±0.5°	
	方位正北	±5°	底座南北线
风速器	安装在观测场北面 10m 高度处		风杯中心
风向器	方位正南	±5°	方位指南杆
积冰架	上导线高度 220cm	±5cm	导线水平面
水银气压表（定槽）	高度以便于操作为准		水银槽盒中线
水银气压表（动槽）	高度以便于操作为准		象牙针尖
气压计	高度以便于操作为准		

四、气象观测的原则

（一）代表性

为使观测的结果，能代表一定地方和一定时间内的特征，气象观测应在特定的场地和时间内进行。

（二）比较性

不同观测站测同一要素时，其观测记录应能相互比较，由此了解不同地区气象要素的分布特点；同时，要在同一测站不同时间的观测记录，也应能相互比较，以说明气象要素随时间的变化特点。因此，要使观测记录具有比较性，必须遵守观测规范，即按照一定的观测方法，操作程序，在统一时间内进行。观测记录的整理也要求规范化。

（三）准确性

为了使观测资料能正确反映当时气象要素的实际情况，所以，在进行观测和整理资料时，应严格遵守操作规程，以免发生人为的误差。

（四）连续性

大气运动本身具有连续性。故气象要素是随时间不断变化的，而它的变化只有通过对大气的连续性观测和统计分析才能了解。因此，气象观测必须保持连续性，不能中断或短缺，观测记录的年代越长，对天气预报、气候分析和科研工作的价值就越大。

五、观测场的维护

（1）经常清除场内杂草，保持清洁。

（2）场内草高不超过 20cm，超过时要及时剪除，并将剪除的草运出场外。

（3）经常注意和检查仪器设备是否发生故障，应立即排除和更换仪器。

（4）寒冷季节如遇积雪，只宜清除百叶箱顶和小路上的积雪，其余则保持自然状态，所清除的积雪应堆放在场外。

六、观测员守则

（1）经过系统业务技术培训，取得省级或以上业务主管部门认定的地面气象观测业务岗位资格。

（2）观测员要有高度的责任感，严格遵守规范，禁止早测、漏测、迟测和人为损坏仪器等事故发生。

（3）注意维护场地及仪器设备，使之经常保持良好状态。

（4）观测员在每次观测时，要及时认真填写地面观测簿和向微机终端输入人工观测记录，并按规定的数据格式和编码规定按时发送气象数据，进行资料预审和编制报表。

第三节　主要气象要素观测

气象观测是气象工作的基础，它对一定范围内的气象状况及其变化，进行系统的、连续的观测和测定，为天气预报、气象情报、气候分析和科学研究提供重要依据。气象观测分为地面观测和高空观测两种。

一、地面气象观测

地面气象观测指在各种地面观测平台上，用仪器及目力对气象要素和天气现象进行测量和观察的方法和技术。

（一）地面气象组织工作

1. 观测站的分类。

地面气象观测台站按承担的观测业务属性和作用分为：国家基本站和国家一般站。国家基本站要按国家气象局的规定，每天进行 2、8、14、20 时四次定时观测，昼夜值班；国家一般站由省、市、自治区气象局确定，每天进行 2、8、14、20 时四次或 8、14、20 时三次定时观测，昼夜守班或白天守班。

2. 观测方式。

地面气象观测分为人工观测（人工目测和人工器测）和自动观测两种方式。

3. 观测任务。

基本任务是观测、记录和编发气象报告。积累气候资料进行定时观测；制作天气预报提供气象实况资料进行天气观测，并按规定的种类和电码及数据格式编发各种气象报告；按统一的格式和规定统计整理观测记录，进行记录质量检查，按时形成并传送观测数据文件和各种报表数据文件；对出现的灾害性天气及时进行调查记载。

4. 观测项目。

按全国统一规定的方法和要求开展的观测项目如下。

（1）各台站必须观测的项目：云、能见度、天气现象、气压、空气的温度和湿度、风、降水、雪深、日照、蒸发（小型）、地温（0cm）。

（2）由省、市、自治区气象局指定台站观测的项目：雪压、蒸发（E-601 型）、土温（5~20cm）、冻土、电线积冰。

5. 人工观测程序。

每次定时观测，应在正点前 30 分钟巡视观测场及所用仪器，尤其注意湿球温度表球部的湿润状态和冬季湿球结冰等准备工作；45~60 分钟观测云、能见度、天气现象、空气的温度和湿度、降水、风、气压等；地温、雪深、雪压、冻土、蒸发可安排在 40 分钟至正点后 10 分钟之间观测。观测的时间除了日照用真太阳时，其余项目均采用北京时。

（二）地面气象要素观测

这部分内容重点介绍气温、地温、湿度、风、降雨量、蒸发量、日照主要气象要素的观测方法。

1. 气温的观测。

（1）测温原理及温标。对于任何物质，当温度变化时，都会引起其物理特性和几何特性的变化，如体积大小、弹性强弱、热导率大小的变化等。只要确定物质的物理特性和几何特性随温度而变化的数量关系，就可以用它作为感温物质，制成各种各样的测温仪器。气象上常用的温度表是把水银或酒精装在玻璃容器中，利用水银或酒精的体积随温度的变化而发生热胀冷缩的现象，制成玻璃液体温度表。为了能定量地表示温度，就必须选定一个衡量温度的标准尺度，简称温标。我国气象工作中采用的是摄氏温标。

（2）玻璃液体温度表的分类。温度表可分为普通温度表、最高温度表和最低温度表。构造见图 1–3、图 1–4、图 1–5。

①球部。温度表的感应部分，由很薄的玻璃做成，内装水银，最低温度表内装酒精，形状有球形、圆柱形或叉形等。

②毛细管。是一端与球部相连，另一端封闭的，粗细均匀的细玻璃管。管中充有中性气体（氮），内径常小于 0.3~0.5mm，当球部温度变化的时候，水银或酒精液体在毛细管里上升或下降。

③刻度。温度表的刻度是表示温度高低的尺度，有的是刻在玻璃管表身外面（如棒状温度表），有的在毛细管后面另加一白瓷板，其上刻有刻度，称为刻度板（如套管式温度表）。套管温度表的读数要比棒状温度表更精确。气象上一般都用套管温度表测温，读数精确到 0.1℃。

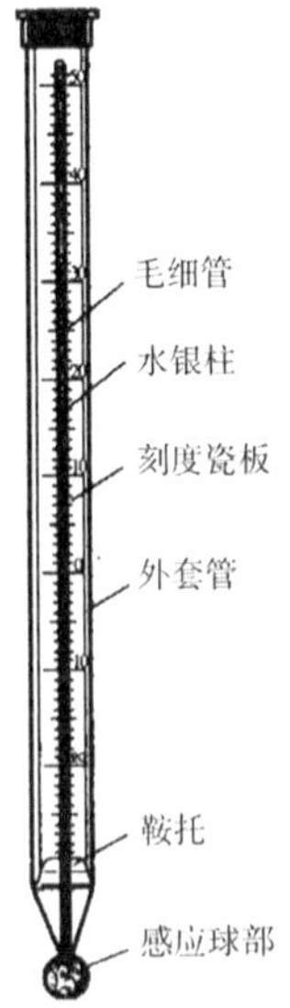

图 1-3　普通温度表

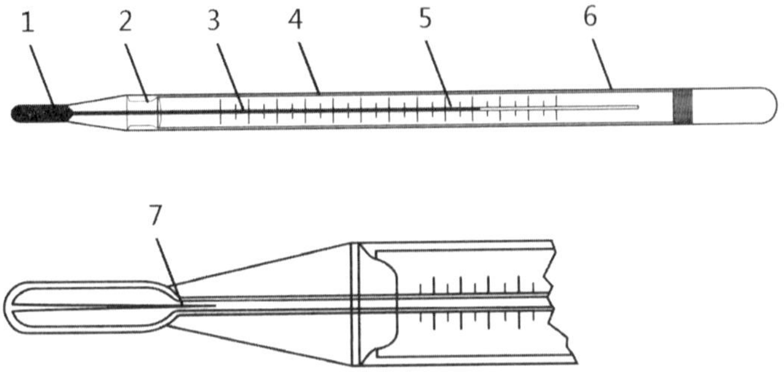

1. 感应部分；2. 鞍托；3. 毛细管；4. 水银柱；
5. 刻度瓷板；6. 外套管；7. 玻璃针

图 1-4　最高温度表

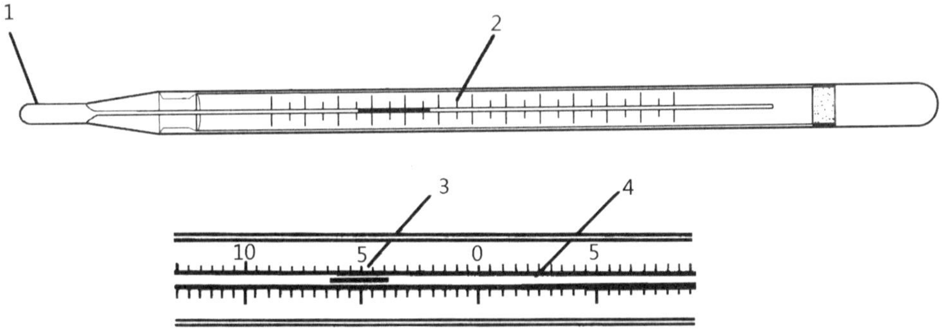

1. 感应部分；2. 指示标；3. 指示标；4. 酒精柱

图 1-5　最低温度表

（3）仪器安装。仪器安装在百叶箱内（图 1-6、图 1-7），干球温度表（普通温度表）垂直挂在百叶箱左边，湿球温度表（普通温度表）垂直挂在百叶箱右边，最高温度表水平安在挂钩上面，最低温度表水平安在挂钩下面。

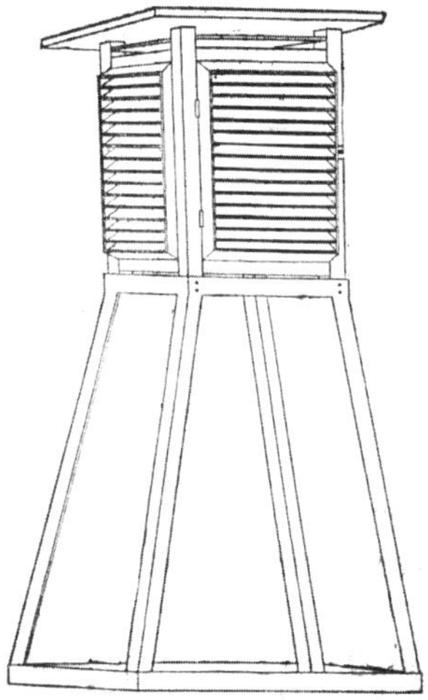

图 1-6 百叶箱外形

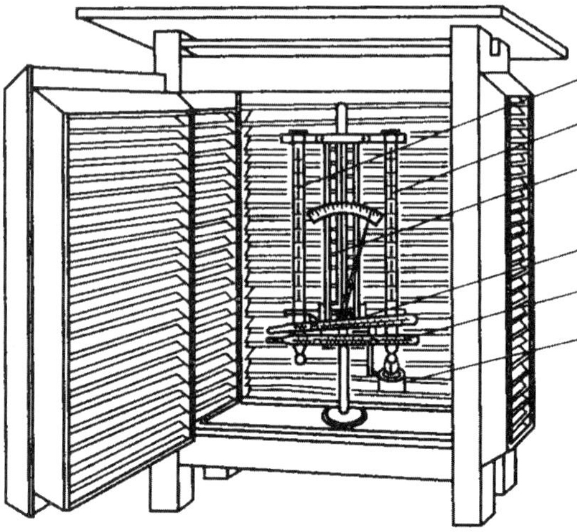

图 1-7 百叶箱内部

（4）观测记录。每天天气预报的气温是从百叶箱干球温度观测出来的，高度从水银球部离地面 1.5m 高。每天定时观测，先读干球温度，后读湿球温度，最低温度在 8 时观测，最高温度在 20 时观测。准确到 0.1℃。

2. 地温的观测。

地面和地中不同深度的土壤温度统称地温。地面温度是指直接与土壤表面接触的温度表所示的温度，包括地面温度、地面最高温度、地面最低温度。浅层温度包括离地面 5cm、10cm、15cm、20cm 深度的地中温度，深层地温包括离地面 40cm、80cm、160cm、320cm 深度的地中温度。

地温和气温的测温原理是一样的，不同的是仪器构造不同。

（1）地面和曲管地温表。地面温度表（又称 0cm 温度表）、地面最高和地面最低温度表的构造和原理与气温表相同。5cm、10cm、15cm、20cm 曲管地温表的结构和原理也基本相同，不同的是表身下部伸长，长度不一，并且在感应部分上端弯折，与表身成 135° 夹角。

（2）地面温表安装。在观测场南面平整出一块 2m × 2m 地块，地表疏松、平整、无草，并与观测场整个地面相平。地面三支温度表必须水平地安放在地段中央偏东的地面，按 0cm、最低、最高的顺序自北向南平行排列，感应部分向东，并使其位于南北向的一条直线上，表间相隔 5 至 6cm；感应部分及表身一半埋入土中，一半露出地面（图 1-8），埋入土中的感应部分必须与土壤密贴，不可留有空隙；露出地面的感应部分与表身要保持干净。

曲管地温表安在地面最低温度表的西边约 20cm 处，按 5cm、10cm、15cm、20cm 深度顺序由东向西排列，感应部分向北，表间相隔 10cm；表身与地面成 45° 夹角，各表表身应沿东西向排齐，露出地面的表身顺用叉形木（竹）架支住（图 1-9）。

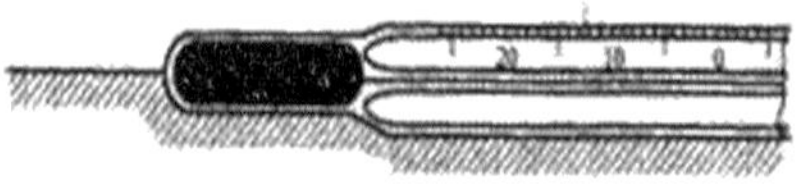

图 1-8　地表温度表

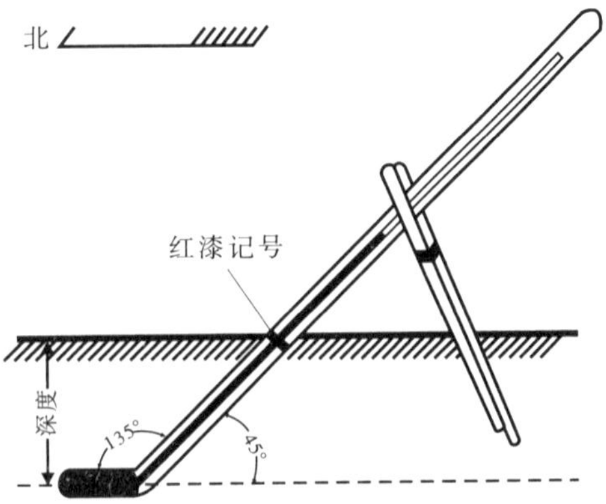

图 1-9　曲管地温表

（3）观测和记录。0cm、5cm、10cm、15cm、20cm 每日 2、8、14、20 时观测，最低温度 8 时观测，最高温度 20 时观测，观测完毕进行调整。观测顺序，按 0cm、最低、最高和 5cm、10cm、15cm、20cm 地温的顺序读数。观测地温时，应俯视读数，不准把地温表取离地面。

3. 湿度的观测。

日常生活和生产上用到的相对湿度最多，相对湿度是怎样测出来的?

（1）干湿球温度表测湿原理。利用两支球部大小、形状相同的温度表，放在同一环境中（图 1-7），其中一支用来测定空气温度，称为干球；另一支球部包上湿润的纱布，称为湿球。当空气中的水汽含量未达到饱和时，湿球表面的水分不断蒸发，消耗湿球的热量而降温；同时又从流经湿球的空气中不断取得热量补给。当湿球因蒸发而消耗的热量和从周围空气中获得的热量相平衡时，湿球温度就不再继续下降，从而维持了一个相对稳定的干湿球温度差。

干湿球温度差的大小，主要与当时的空气湿度有关。空气湿度越小，湿球表面的水分蒸发越快，湿球温度降得越多，干湿球温度差就越大；反之，湿度大，湿球水分蒸发慢，湿球温度降低得少，干湿球温度差就小。当然，干湿球温度差值的大小还与其他一些因素如湿球附近的风速、气压、湿球大小、是否结冰等有关。根据干湿球温度值以及其他因素，从理论上推算出当时的空气湿度来，绝对湿度计算公式：$a=E(t)-AP(t-t')$，A 为绝对湿度，$E(t)$ 为干球温度下的饱和水汽压（可在湿度查算表中查出），A 为百叶箱风速系数，为 0.0007947，t 为干球温度，t' 为湿球温度，P 为当时的气压。相对湿度计算公式：$e=a/E(t')$，e 为相对湿度，a 为绝对湿度，$E(t')$ 为湿球温度下的饱和水汽压（可在湿度查算表中查出）。湿度可以计算，也可以直接查湿度查算表（国家气象局已制定）。

（2）观测方法。打开百叶箱的门，先用滴管给湿球温度表球部的纱布加水，使之保持湿润。然后开始读数，先读干球，后读湿球，先读小数，后读整数。观测完毕进行查表，得出湿度。

4. 风的观测。

（1）风的特性。风的特性用风向风速表示。风向是指风的来向，用 16 方位图表示，见图 1–10。

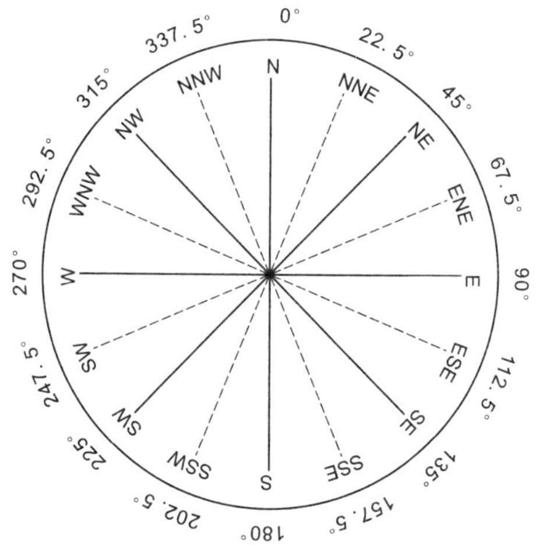

图 1–10　风向 16 方位图

风速是指单位时间内空气移动的水平距离，用 m/s（米 / 秒）表示。

测量风的仪器主要有 EL 型电接风向风速计和三杯轻便风向风速表。室内观测主要用 EL 型电接风向风速计，野外观测用三杯轻便风向风速表。

（2）EL 型电接风向风速计构造。EL 型电接风向风速计是由感应器、指示器、记录器组成的有线遥测仪器。感应器安装在室外的塔架上，指示器和记录器置于室内，指示器与感应器用长电缆相连，记录器与指示器之间用短电缆连接。

①感应器。感应器上部为风速部分，下部为风向部分。风向部分由风向标（1）风向方位块、导电环、接触簧片（2）等组成；随着风向标的转动，带动接触簧片，在导电环和方位块上滑动，接通相应电路。风速部分由风杯（3）交流发电机与蜗轮（4）等组成（图 1-11）。当风带动风杯转动时，发电机就有交流电输出，电流的大小可反映出风速的大小。

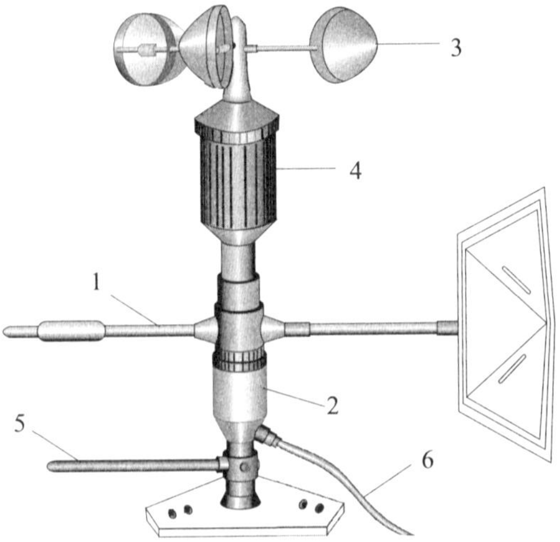

图 1-11　电接风向风速计

②指示器。指示器由电源、瞬时风向指示盘等组成（图 1-12）。风向指示器以八灯盘来指示瞬时风向。风速指示器是一个电流表，表上有两个量程，分别为 0~20m/s 和 0~40m/s，用以观测瞬时风速。

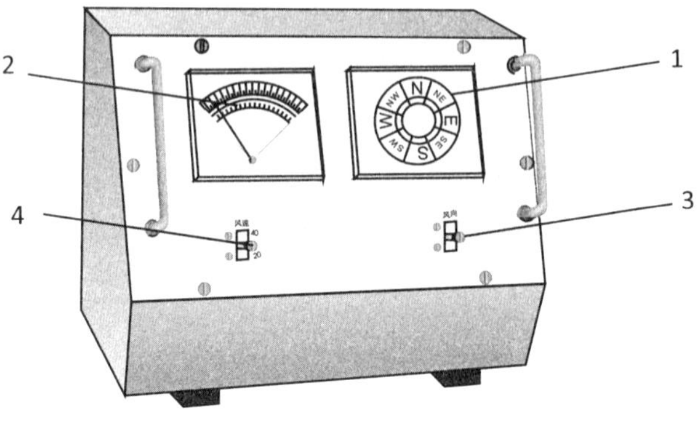

1. 风向指示器；2. 风向指示器；3. 风向开关；4. 风速开关

图 1-12　EL 型电接风向风速指示器

③记录器。由八个风向电磁铁、一个风速电磁铁、自记钟、自记笔、笔挡、充放电线路等部分组成（图 1-13）。

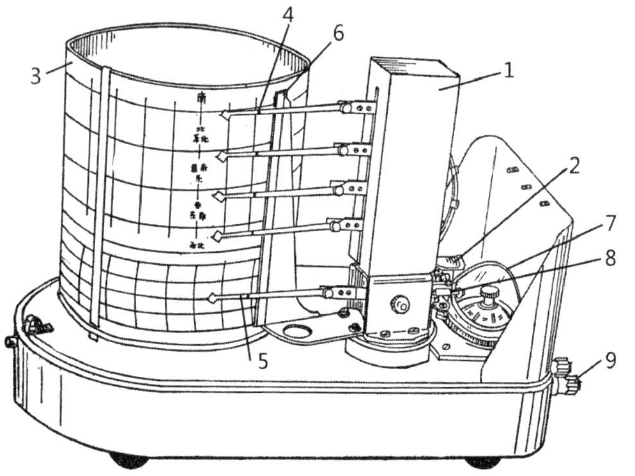

1. 风向电磁铁；2. 风速电磁铁；3. 自记钟；4. 风向自记笔；5. 风速自记笔；6. 笔挡；7. 凸轮；8. 滚轮；9. 干电池接头

图 1-13　EL 型电接风向风速记录器

（3）EL 型电接风向风速计的观测和记录。打开指示器风向、风速开关，观测 2 分钟风速指针摆动的平均位置，读取整数记录。风速小时、把风速开关拨在“20”挡上，读 0~20m/s 标尺刻度；风速大时应把风速开关拨在“40”挡上，读 0~40m/s 标尺刻度。观测风向指示灯，读 2 分钟的最多风向，用十六方位缩写字母记录。静风时风速记 0.0，风向记 C；平均风速超过 40.0m/s，则记为 >40.0，因电接风向风速计故障，或冻结现象严重而不能正常工作时，可用轻便风向风速表进行观测，并在备注栏注明。

（4）三杯轻便风向风速表。三杯轻便风向风速表是测量风向和 1 分钟平均风速的仪器，适用于野外流动观测，也可做台站备份仪器。起动风

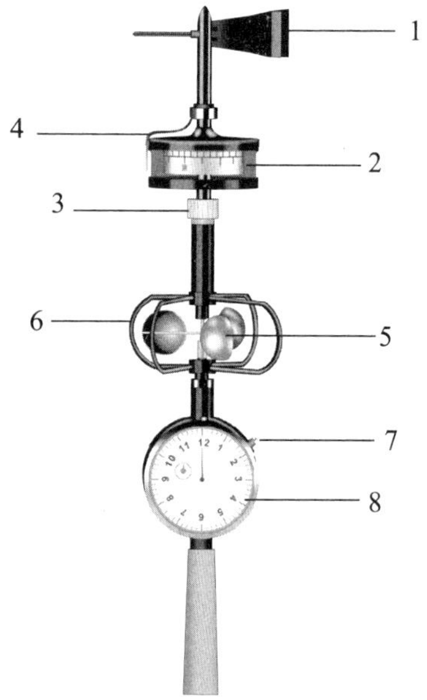

1. 风向标；2. 方位盘；3. 制动小套；4. 风向指针；5. 风杯；6. 十字护驾；7. 风速按钮；8. 风速表刻度

图 1-14　三杯轻便风向风速表

速为 2.5m/s。

①三杯轻便风向风速表构造。仪器由风向部分（包括风向标、方位盘、制动小套）、风速部分（包括十字护架、风杯、风速表主机体）和手柄三部分组成（图 1-14）。

当按下风速按钮启动风速表后，风杯随风转动即带动风速表主机体内的齿轮组，指针即在刻度盘上指示出风速。同时，时间控制系统也开始工作，待 1 分钟后自动停止计时，风速指针也停止转动。

指示风向的方位盘，是一磁罗盘。当制动小套管打开后，罗盘按地磁子午线的方向稳定下来。风向标随风向摆动，其指针即指出当时风向。

②三杯轻便风向风速表的观测和记录。观测时由观测者手持仪器，高出头部或安装在小气候观测架上，主轴保持垂直，风速刻度盘与当时风向平行，观测者应站在仪器的下风方。然后将方位盘的制动小套管向下拉并向右转一角度，启动方位盘，注视风向指针约 2 分钟，记录其最多风向。

观测风向时，待风杯旋转约半分钟后，按下风速按钮，启动仪器。待 1 分钟后读出指针示度值（指示风速），用此值从风速表检定曲线图中，再查出实际风速，取一位小数，即为所测的平均风速。

5. 降雨量的观测。

降雨量的测定包括量和强度，及记录降雨的起止时间、降雨时数。降雨量通常用雨量器来测定，降雨强度及时间，用自记雨量计来测定。

（1）雨量器的构造。雨量器为一金属圆筒，目前我国所用的是器口直径为 20cm、器口面积为 314cm^2 的雨量器。

雨量器的构造如图 1-15 所示，由盛水器（漏斗口），储水筒（外套筒），储水瓶三部分组成。另配有一与雨量器口径成比例的专用量杯。漏斗口内直外斜，呈刀刃形，以防止雨水溅入。雨量杯为特制的。杯上的刻度从 0 到 10.5mm，每一大格为 1 毫米，每小格代表 0.1mm（即降水量能测到 0.1mm 的精确度）。

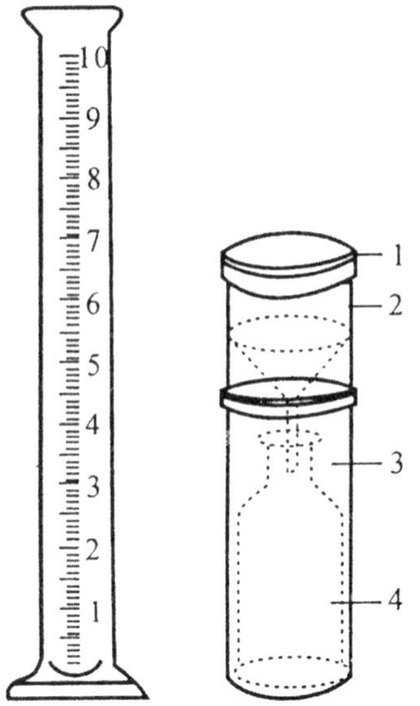

1. 盛水器；2. 漏斗；3. 储水瓶；4. 雨量筒

图 1-15 雨量器与雨量杯

雨量筒口的面积为 S，筒内水深为 H，则筒内水的体积为：

$$V=S\cdot H \tag{1-1}$$

将储水瓶中的水倒入量杯内，设量杯口的面积为 S' ，杯内水深为 h，则杯中水的体积为：

$$V'=S'\cdot h \tag{1-2}$$

因为：

$$S'\cdot h=S\cdot H \tag{1-3}$$

所以：

$$h=\frac{S}{S'}H \tag{1-4}$$

因此，雨量筒内深度（H）为 1 毫米的水倒入雨量杯后，杯内水深（h）为 $\frac{S}{S'}$ mm，这就是量杯上的高度，即为每单位刻度（mm）的长度。

口径 20cm 的雨量器为例，量杯的口径为 4cm，若雨量筒内所聚水深为 1mm，则倒入杯中的高度为：

$$h=\frac{S}{S'}H=\frac{\pi\times 10^2}{\pi\times 2^2}\times 0.1\text{cm}=2.5\text{cm}=25\text{mm} \tag{1-5}$$

这就说明，量杯上的每格 25mm，刻成一大格，作为 1mm 降水量。所以量杯的放大倍数为 $\frac{S}{S'}$。由此可见，一定口径的雨量杯，或专用杯要配套才能使用。若无专用量杯，或专用量杯被打破，也可用普通量杯代替，但必须进行换算。其方法是，用普通量杯测得降水量体积，然后除以观测的雨量器漏斗口的圆面积，即得降水量。

（2）雨量器的安置。雨量器应安置在比较平坦空旷，四周无障碍物影响的地方，雨量器的口缘距地高度为 70cm，盛水器应保持水平。

（3）观测时间和记录。每天 8 时、20 时观测前 12 小时降雨量，降雨量以毫米为单位，取一位小数。读数时如不到半小格（不足 0.05mm），应记 0.0，恰好半小格或半小格以上（即 ≥ 0.05mm），应记为 0.1mm。在炎热干燥时段，降水停止时要及时进行补充观测，以免迅速地蒸发，影响记录。下暴雨时，注意巡视，当储水瓶容纳不了降水时，应及时更换储水瓶，以防雨水溢出。

（4）降雨量的观测记载。①液体降雨量的观测记录。将储水瓶中的水倒入雨量杯中，一定要把水倒完，然后从雨量杯的刻度，注意视线与量杯内的水面平齐，从弯月面最低点切线所指的刻度，读取降雨量。

②固体降水量的观测记录。如雪和冰雹，先用量杯取适量的温水加入雨量器中，使固态降水完全溶化为液态之后，再用雨量杯量出降水量，注意扣除加入的温水水量。

6. 蒸发量的观测。

（1）小型蒸发器的构造。小型蒸发器均采用深 100mm，口径为 200mm 的铜制圆盆（图 1–16）。器壁的边上有一倒水的小嘴，呈内直外斜的刀刃形，在口缘上有一个喇叭状的蒸发罩，以防鸟兽饮水。注意在有降水时，应取下蒸发罩，以免雨水溅入，使雨水量增多，影响观测准确性。

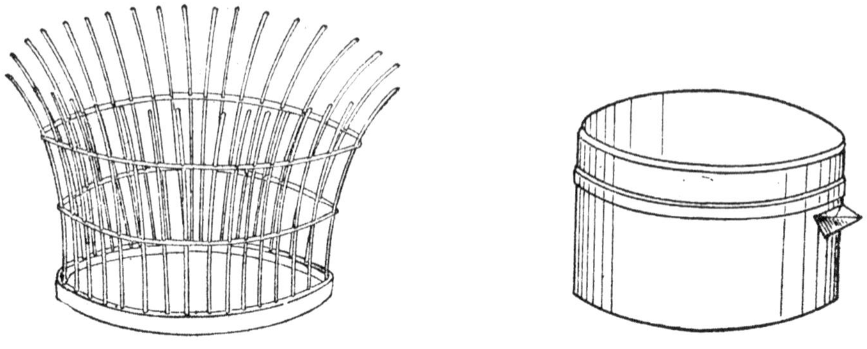

图 1–16　小型蒸发器与蒸发罩

（2）仪器的安置。小型蒸发器应安置在雨量器附近的空旷、终日为阳光照射到的地方，器口应保持水平，口缘距地面高度约 700mm，可砌一砖墩，将蒸发器安置在其上。

（3）观测和记录。每日在 20 时观测一次，测量前一天 20 时在蒸发器内注入 20mm 清水（即当日原量），经过 24 小时蒸发后，再量器内剩余的水量（余量），其差值为蒸发量，计算式如下：

蒸发量 = 原量 – 余量

若前一天 20 时到当日 20 时之间有降水，由于蒸发器的口径与雨量筒口径相同，所以蒸发器内也承受了与雨量筒内相同的降水量，这样，在蒸发量观测时，量取的蒸发器内的水余量包括了同期的降水量，因此，应将蒸发器内水的余量减去雨量筒中测得的降水量，计算式为：

蒸发量 = 原量 + 降水量 – 余量

若没有专用特制的量杯时，可用普通量杯测蒸发量，量杯注入 628cc（相当于 20mm 深的水层，因小型蒸发器的面积为 314cm²），如果次日的余量为 471cc，则蒸发量为：

$$20.0-(471\div314)\times10=20.0-15.0=5.0\text{mm}$$

注意每天观测后，应立即换水，用特制的玻璃量杯，盛 20mm 清水于小型蒸发器中。在干燥地区，夏季的蒸发量大，应注入 30mm 清水为宜。

在冬季，注入 20mm 清水到蒸发器内，称其总重量，并作记录。然后置于观测地点，次日 20 时观测时再称其重量，所失去的重量为失水量，称重后再注入清水，使其达到相当于 20mm 水柱高时的重量。由于 1g 水相当于 1cm^3 的水，蒸发器所失水重的克数，即为水的立方厘米数。将水的体积立方厘米数换成蒸发器内水高度 mm 数即可。

例如，注入器内 20mm 水后，称其重为 1223.3g，24 小时后称其重为 1071.2g，则失水量为 157.1g，即相当于 157.1cm^3 的水。蒸发器直径 20cm，皿口总面积为 314.2cm^2（πr^2），则蒸发量为：

$$157.1\div314.2=0.5\text{cm}$$

7. 日照的观测。

（1）日照的描述。可照时数，为天文学上的概念，是指从日出到日落太阳可能照射的时间长度，它是随纬度和季节发生变化的，可用公式直接计算出来；实照时数，是指一日中太阳直接照射地面的实际时数，它考虑了云雾等天气现象及地形等对日照时间的影响，可用日照计观测；日照百分率，是实照时数与可照时数的百分比，反映某地光照资源的多寡。

（2）观测仪器构造及工作原理。仪器构造：暗筒式（乔唐式）日照计（图 1–17），主要由金属圆筒、隔光板、纬度刻度盘和支架底座构成。金属圆筒的底端密闭，筒口带盖，两侧各有一个进光小孔，两孔前后位置错开，与圆心的夹角为 120°，筒的上面有一隔光板，由于隔光板的边缘与小孔在同一

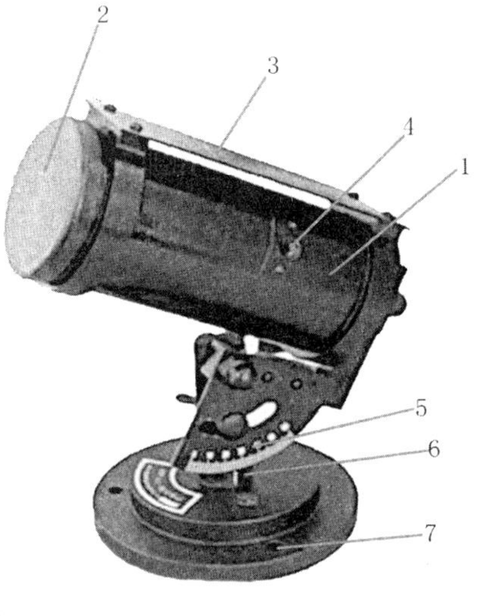

1. 金属圆筒；2. 筒盖；3. 隔光板；4. 进光孔；5. 纬度刻度盘；6. 纬度记号线；7. 底座

图 1–17 暗筒式日照计的构造

个垂直面上，它使太阳光线除了在正午有 1~2 分钟的时间可以同时射入两孔，其余时间光线只能从一孔射入，筒内附有压纸夹。

测量原理：暗筒式日照计是利用太阳光通过圆筒两侧的小孔射入筒内，在涂有感光药剂的日照纸上留下感光迹线（图 1-18），通过计算迹线的长度确定一日内的日照时数。

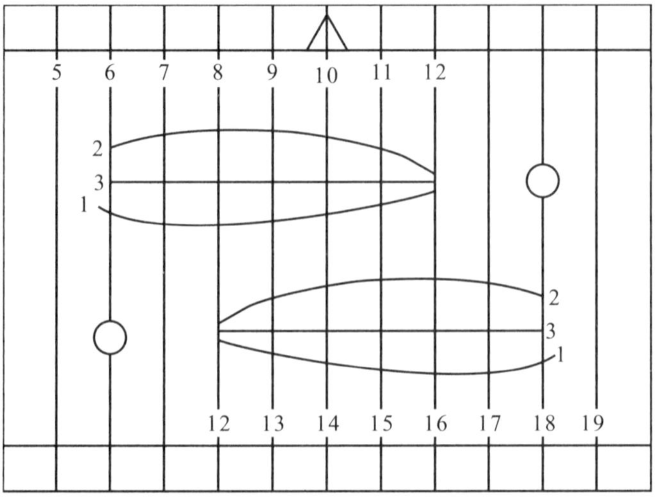

1. 夏半年感光迹线；2. 冬半年感光迹线；3. 春秋分感光迹线

图 1-18　日照纸及感光迹线

（3）仪器的安装。

①安装在开阔、终年从日出到日落都能受到太阳光照射的地方；

②安装在观测场的子午线上，即筒口对准正北；

③安装在木柱或铁架上，高度以方便观测和换纸为宜（一般为 80cm）；

④如观测场内无适宜地点，可安置在平台或附近较高建筑物上。

（4）观测方法。

①药剂的配制。日照观测所用的药剂分为显影药剂和感光药剂。显影药剂主要成分为赤血盐，分子式为 $K_3Fe(CN_6)$，按赤血盐与水的比例 1∶10 进行配制；感光药剂主要成分为柠檬酸铁铵，分子式为 $Fe_2(NH_4)_4(C_6H_5O_7)_3$，按柠檬酸铁铵与水的比例 3∶10 进行配制。由于赤血盐有毒，柠檬酸铁铵吸湿好，因此将配好的药剂分别存放在两个容器中，存放在安全、干燥的暗处。每次配制的药剂量不宜过多，以能涂刷 10 张日照纸的用量为宜，避免涂了药的日照纸久存失效。

②涂药方法。在暗处或红光下进行，涂药前先用脱脂棉把需涂药的日照纸表面擦干净。涂药方法有两种：一种是将已经配制好的两种药剂等量混合在一起，均匀地涂刷到日照纸上；另一种是先将配制好的感光药剂（柠檬酸铁铵药液）均匀地涂刷到日照纸上，阴干后逐日使用，每天换下日照纸后，在感光迹线处用脱脂棉涂上显影药剂（赤血盐药液），便可显出蓝色迹线。

③日照纸的更换与记录。每天在日落以后更换日照纸，即使是全天阴雨，无日照记录，也应照常换下，以备日后查考。换纸时，将涂有药剂的一面朝内圈成筒状，放入筒内，使纸上的 10：00 线（有一倒三角形）对准圆筒口的白线，14：00 线对准圆筒底的白线，纸上的两个圆孔对准两个进光孔，捏紧压纸夹，使压纸夹的交叉处朝上，轻轻放入筒内，松开压纸夹，将纸压紧，盖好筒盖。

当天换下的纸，及时进行记录，用铅笔在感光线的下方分别描画一根与感光迹线长度一样的直线，随后将日照纸放入足量的清水中进行浸漂 3~5 分钟，取出日照纸，阴干，检查铅笔线是否与感光迹线一致。根据铅笔线的长度记录日照时数，精确到一位小数。若全天无日照，则记日照时数为 0.0。

二、高空气象观测

高空观测是指在自由大气中（1500m 以上高度的空气称自由大气）直接或间接进行的气象观测。高空观测仪器很多，有飞机、火箭、卫星遥感等探测。但在气象日常业务使用的还是无线电探空仪，主要用它来观测高空各层次的风向、风速、气温、气压和湿度。高空观测对天气预报十分重要，因为人们虽然生活在地面，可是影响地面天气的气压系统都是在高空生成、发展和移动的。例如，地面上下雨了，实际上雨是从空中下来的，而且对流层（地面到 17~18km 的高度）中下部任何高度都可能发生降雨。另外，低层天气系统的移动主要受高层气流的影响和引导。因此，没有高空探测，便不可能有现代天气预报。

最初的高空探测主要利用载人吊篮和气球携带自记仪器的方法。但这两种方法都不适宜作业务观测，因为时间上来不及，于是人们设法让气球携带发报机，把观测到的气象记录化为电波讯号，即时发送到地面上来。这种试验最早开始在 1918 年，但没有成功。1923 年，美国陆军气象学家布赖尔继续试验时，地面得到了历时 20 分钟的讯号，这是无线电探空第一次获得成功。1927 年，德国气象学家爱德拉格和布利欧首次把波长 42m 的电子管发报机系在上升气球下面进行试验，收到了发报机发自平流层的讯号。

最早可以用作业务的苏式无线电探空仪是苏联莫尔恰诺夫教授研制的。1932 年，芬兰人维萨拉也发明了著名的芬式无线电探空仪。这类探空仪是现今探测 30~40km 高度高空气象条件的主要仪器。

常规高空气象观测是指采用气球携带无线电探空仪，以自由升空方式对自地球表面到几万米高度空间的大气气象要素（气压、温度、湿度）和运动状态（风向风速）等的变化进行观测、收集、处理的活动和工作过程。

（一）高空气象站建立的要求

采用定向天线（雷达）观测系统的高空气象观测站应四周开阔，障碍物对观测系统天线形成的遮挡仰角不得高于 5°，特别是观测站盛行风下风方向 120° 范围内的障碍物对观测系统的天线形成的遮挡仰角不得高于 2°。在观测气球实施场地半径 50m 范围内要求平坦空旷，无架空电线、建筑、林木等障碍物。

卫星导航定位系统高空气象观测站应四周开阔，障碍物对卫星导航定位系统接收天线形成的遮挡仰角不得高于 5°。在气球施放场地半径 50m 范围内要求平坦空旷，无架空电线、变压器、建筑、林木等障碍物。

高空气象观测站的电磁环境应满足观测系统的要求。由国家无线电频率管理部门审定的气象探空系统所使用的无线电频段，不允许其他部门或个人非法使用。

（二）高空气象观测站业务要求

（1）保护探测环境，保证观测资料的完整性和连续性。

（2）按要求取准、取全具有代表性、准确性、比较性的第一手观测数据，及时上传观测资料。报送每时次观测的完整数据（包括仪器和设备参数、软件系统参数、探测环境参数、台站工作参数、质量控制参数等）。按时、准确地提供高空气压、温度、湿度和风观测数据的月数据文件。

（3）观测设备按照设备技术手册的要求安装、维护、检查和检定，确保设备工作状态稳定；做好观测仪器换型的对比评估等工作。

（4）观测资料要按照规定的标准、方法进行质量控制。

（三）观测装备

1. 无线电探空仪。

无线电探空仪由温度、湿度、气压传感器，测量电路，控制（解码）电路，发射电路和电池等部分组成。探空仪传感器的测量范围分别为：温度从 50℃至 -90℃；湿度从 1% 至 100%（RH）；气压从 1050hPa 至 1hPa，观测精度应符合规定要求。

2. 传感器。

对环境温度的变化必须具有充分快的反应速率，以确保上升过程中热滞后造成的系统误差 <0.1℃ /km。

3. 湿度传感器。

与大气中水分子自由迅速交换，能够真实反应大气中水汽的分布情况。

4. 气压传感器。

在 1050hPa 至 5hPa 的动态范围内保持其准确度，并在规定较低气压下仍具有 0.1hPa 的分辨率。

5. 测量、控制（解码）和发射电路测量、控制（解码）电路必须加装参考器和电子转换器。

用于二次雷达的探空仪应具有无线电应答器。卫星导航定位探空系统应具有无线电导航讯号接收和发射功能。探空仪无线电频谱宽度满足有关技术规定的要求。

6. 电池。

无线电探空仪所使用的电池应具有充足的容量，在温度 15℃条件下能提供 100 分钟及以上的电能，且输出电压降低幅度不能高于标准电压的 5%。而当温度从 15℃降至 -10℃时，输出电压不应低于标准电压的 10%。电池不应对人体和环境造成危害。

探空仪基测箱：探空仪基测箱是对探空仪温度、湿度传感器在探空仪施放前与检测箱内温度、湿度的标准器进行比对的综合性检测设备。探空仪基测箱内环境要稳定，智能化程度高，尽可能消除由于操作而引起的误差。定期对基测箱内标准器进行检定。

探空气球具有良好的弹性、防老化性和耐低温性。高空气象观测站根据其观测业务的要求，选用相应型号的探空气球。探空气球按用途和质量主要有两种：经纬仪测风气球（如 30g 气球）和探空气球（如 300g、750g、800g、1600g 气球等），经纬仪测风气球为红色、黑色或胶乳本色，探空气球为胶乳本色。

（四）数据采集系统

测风雷达。由天线和服务系统等组成。具备对压、温、湿、仰角、方位角、斜距等基本数据的接收和处理功能。雷达的性能指标应符合其功能规格书的要求。

（1）导航定位接收系统。能够接收和处理卫星导航定位探空仪发回地面的信号，利用卫星星历解算导航电文，通过数据处理软件完成高空气象要素观测。

（2）数据处理终端。数据处理终端由硬件和软件组成。硬件要满足系统的基本配置需求，软件要符合规范要求。

（3）高空气象观测仪器设备的总体测量准确度要求。高空气象观测仪器装备的测量准确度应当满足气象业务的规定要求。根据目前生产技术水平及发展的趋势，高空气象观测仪器总体测量准确度应达到国家的标准。

（五）设备维护检测

（1）高空气象观测业务所使用的装备必须具有国务院气象主管机构颁发的使用许可证。

（2）观测系统装备应严格按系统装备维护说明或维修手册规定进行定期标定、检查、维护和保养，以使观测系统装备处于良好工作状态。

（3）观测系统的检测和校准仪器、仪表应保持良好的工作状态，其附件保持完整和齐备；必须严格执行操作规程。

（4）凡用于测量的标准器、仪表、设备及器具必须严格按计量法规、规范进行保养和计量校准。

（5）数据处理终端（计算机）的时间应于每日 19 时与标准时间（北京时）进行对时，当计算机时间与标准时间相差大于 30 秒时，要对计算机时间进行修正。

（6）严禁使用超检仪器。

（六）高空气象观测技术人员

（1）必须具有良好的职业道德。

（2）掌握常规高空气象观测所需的基础理论和方法。

（3）熟练掌握高空气象观测系统装备的基本工作原理和操作、检测、维护、校准等方法。

（4）必须持有省级及以上气象主管机构考核颁发的高空气象观测岗位证书。

（七）高空气压、温度、湿度、风观测

（1）高空气压、温度、湿度观测是由气球携带无线电探空仪升空，将实时观测的气压、温度、湿度等高空气象数据传送至地面接收设备。

（2）高空风观测采用定向天线（雷达）跟踪、经纬仪或卫星导航定位系统等方式。定向天线（雷达）和经纬仪主要通过跟踪气球飞升过程中的仰角、方位角、斜距或高度计算风向、风速。卫星导航定位系统通过接收导航信号，确定气球携带探空仪（应答器）在空间的位移，计算风向、风速。风向是指风的来向，以° 为单位，以正北方位为 0，顺时针旋转。风速是指单位时间内空气移动的水平距离，以 m/s 为单位。

（3）地面数据处理终端对气压、温度、湿度、风向、风速等数据进行处理，获取规定等压面、规定高度、特性层、对流层顶、零度层、空间定位等资料，并形成上传数据文件和数据文件等，编制高空温、压、湿记录月报表和高空风记录月报表，形成月数据文件，观测业务人员在规定的时间内完成文件传输。

第二章

农业气象基础知识

农业气象是研究农业与气象条件之间相互关系及其规律的科学，它既是应用气象学的一个分支，又是农学的一门基础学科。气象在各个领域广泛地应用，如航空气象、海洋气象、建筑气象、医疗卫生气象、农业气象、森林气象等，其中应用最大部门是农业气象。

第一节　农业气象概述

一、农业气象定义

农业气象是应用气象的一门学科，是农业与气象的边缘学科。到目前为止，没有统一的定义。常见的有以下几种描述：

世界气象组织农业气象委员会编写的农业辞典提出，农业气象是指研究气象条件与农业生产相互关系的一门科学。

英国的 L.P. 史密斯提出，农业气象是将气象科学技术应用于农业高产的科学。

苏联的 B.B. 西涅里席柯夫提出，农业气象是研究对农业有意义的气象、气候和水文条件的一门科学。

日本的内岛善兵卫提出，农业气象是研究农业生产中气象、水文条件的规律和改造这些条件的一门科学。

日本的太后美保提出,农业气象是研究农业生产中所有气象问题及其解决途径的一门科学。

中国的农业气象学者认为，农业气象是研究生产与气象条件的相互关系及规律，根据农业生产的需要，应用气象科学技术，充分合理利用农业气候资源，战胜不利的气象条件，促进农业高产、稳产、优质、低耗、高效的一门科学。

目前在各个高校不同版本的《农业气象学》教材中有不同的定义，但最直观阐明农业气象研究对象和解决问题的当属日本的太后美保提出的农业气象定义。

二、农业气象的研究对象

农业气象的研究对象是大农业（农、林、牧、副、渔）。具体是：

（1）农业生物和农业生产过程对农业气象条件的要求与反应。

（2）农业生产对象和农业技术措施对农业气象条件的反馈作用。

农业气象是一门独立学科，又是一门边缘学科。既是气象学的分支学科，又是在农学理论基础上发展起来的，因此，既属于气象科学范畴，又属于农业科学范畴，所以是气象科学与农学科学的交叉学科。

三、农业气象的主要研究内容

（1）农业气象基本方法和基本理论的研究。

（2）农业气象观测、情报、预报方法的研究。

（3）农业气候区划与农业气候资源的研究。

（4）农业气象灾害及其防御措施的研究。

（5）微气象学（包括农业小气候）的研究。

（6）精准农业气象研究。

（7）作物气象、林业气象、畜牧气象、园艺气象、特产植物气象、水产气象等生物气象研究。

（8）改良农业气象环境的新技术研究。

四、农业气象的主要研究任务

农业气象的主要任务为：①按照全国统一制订的农业气象观测规范进行系统的农业气象观测和资料整理。②对全国性的或本地区农、林、牧、渔各部门所需要解决的农业气象问题，进行试验研究。③进行有关新的农业气象仪器和观测方法的研究、试验。④开展农业气象情报、预报和农业气候等服务。⑤对农业气候资源进行分析、利用和区划。⑥研究农业气象灾害发生规律及防御措施。⑦农业小气候的调节、利用和改善研究。

五、农业气象的研究方法

（1）平行观测法。即同时观测气象要素和农作物生长发育状况。

（2）地理播种法。在气候条件不同的地区，选择土壤条件尽可能相同的地段，采用同一农业技术措施，于各地最适宜的播种期播种同一品种，按统一研究方案进行平行观测。这样，在一年里便可得到同一品种在不同气象条件下生长发育和产量的资料。

（3）分期播种法。在同一地区，每隔 5 或 10 天播种同一作物，根据研究任务，可播 5 至 10 期或更多。一年中可以得到 5 至 10 期或更多不同天气过程对该作物发育期影响的资料，经统计分析，取得所需的数量指标。

（4）地理分期播种法。该研究方法是将地理播种和分期播种结合起来，它兼有地理播种法和分期播种法的优点，且弥补了单纯地理播种法很难取得地形、土壤、栽培技术完全一致与分期播种法只在一个点上进行试验的不足，是一种比较完善的田间试验方法。

（5）人工气候实验法。利用人工气候室或人工气候箱群，模拟近似太阳光谱的人工光源，控制需要的温度、湿度，根据研究的需要，增设人工降雨、CO_2 浓度增减及风速变化等附属装置。模拟作物生长发育所需的各种气象条件，从而得到某一作物对光、热、水要求的定量指标；或定量考查几种气象要素对该作物的综合影响。同时，还可以模拟极端气象条件对作物发育和产量品质的影响，研究预防措施的气象效应；进一步探索在自然情况下得不到的最优气象条件，为农业工厂化提供重要的数据资料。

（6）气候分析法。根据栽培作物生长发育资料和气象资料，采用统计学中广泛使用的图解法或分析法来求得作物产量与天气和气候之间的关系。

（7）统计分析法和图解分析法。在对比分析农业对象与气象资料相互关系时，除采用一般的对比分析外，还可以采用统计分析方法，得到所需要的结果。常用的统计方法有：①相关分析；②概率、频率及保证率分析；③方差分析；④回归分析；⑤其他统计方法等。在农业气候研究中，也可以通过制作农业气候图，反映农业气候要素之间及气候要素与农业对象之间的定量关系，如列线图、相关图、散布图、点聚图以及要素在地域分布规律的等值线图等。

由于计算机的广泛应用，如聚类分析、通径分析、线性规划、模糊数学、系统论、决策论等直接应用到农业气象研究工作中，使农业气象定量化研究更向前推进一步。

（8）遥感与地理信息系统技术的应用。

随着卫星遥感技术的发展，利用遥感影像及通过影片信息解译技术，对开展农业气候资源，尤其是为山地农业气候资源、区域分布界限及旱涝等灾害的时空分布规律的研究提供了有利条件，在很大程度上克服了常规站网和山区气候资料不足的缺点，并大大提高了农业气候地域规律研究的准确性。这样，使农业气候资源和灾害分布规律及农业气候区划地域研究更加符合自然客观规律。

第二节 农业气象观测站

农业气象站是系统观测和研究农业气象条件与农业生产相互关系、进行农业气象服务的基层机构，在中国称农业气象试验站。早在1912年，我国一些农业试验场开始设立了农业测候所，积累了大量气象资料为农业服务，为农业气象在中国的发展打下了基础。1957年在全国建立了10个农业气象试验站，到1980年已有约50个站分布在全国不同的农业气候区。此外，还有些县级气象站被指定为农业气象观测站（相当于辅助农业气象站），担负农业气象观测服务和少量试验研究工作。在农业生产的基层单位，常根据需要建立气象站、哨，进行一些专业性或临时性的农业气象观测和试验。所有这些站、哨现已在全国范围内形成比较完整的农业气象站网。

一、农业气象人工观测站

世界气象组织将农业气象站划分为以下几种类型：①基本农业气象站。能提供详细的气象和生物观测资料，并进行农业气象研究，仪器设备较完善。②普通农业气象站。能提供常规气象和生物的同步观测资料，有时可配合开展一些所在地区特殊农业气象问题的研究工作。③辅助农业气象站。提供气象和生物的同步观测资料。④特殊农业气象站。为专项农业气象观测需要而建立的临时性或长期性站点。

（一）人工观测站的建立

农业气象人工观测站是根据农业生产的需要而设立的（图2-1）。农业气象观测是

图2-1 人工农业气象站

一个基础性的气象观测项目。20 世纪 80 年代以前，我国的农业气象观测主要是以人工目测和简单器测为主，基本无自动化观测手段，远落后于一般地面气象要素观测站。农业气象人工观测站可分为国家农业气象一级试验站，二级试验站。

（二）观测地段选择和要求

参考中国气象局《地面气象观测规范》，根据自动气象站的基本安装要求，选择平坦、开阔、远离污染的场地为安装地点，保持场地的自然状态。同时突出农业气象观测的特点，选择能代表当地耕作制度和相对稳定的农田或旱地建站，及水田、旱地及指示性树木的观测需要。观测地段必须要有代表性，代表当地一般地形、地势，气候、土壤和产量水平及主要耕作制度，地段要保持相对稳定，为使观测资料具有连续性，可根据当地的观测制度选定若干观测地段进行编号，每年规定的观测作物在这些地段上进行。

（三）观测地段面积

一般为 1 公顷，不小于 0.1 公顷，确有困难可选择同一种作物成片种植较小的地段上。

地段距林缘、建筑物、公路和铁路、水塘等应在 20m 以上，应远离河流、水库等大型水体，尽量减少小气候影响。

（四）观测记录

温度、湿度、气压、风向风速、降水等基本天气状况，是采用人工观测记录，并根据编报原则进行编报，用电话或是计算机进行发报。

二、农业气象自动站

（一）站址的选择

农业气象自动站站址选择既应符合气象常规自动观测站的基本原则，又应充分考虑农田生态系统的特点和农业生产的实际需要，体现稳定、可靠、有代表性、有可比性的原则，符合常规气象观测的基本技术要求，既能较好地反映本地大范围的气象要素特点，避免局部地形影响，又避开高大建筑、大气污染等干扰因素。

站点所处的地理位置和环境条件应具代表性，其气候变化能反映当地所处气候带的典型特征。农业生产实际相结合，参考农业区划和实际耕作情况，选择临近当地主要农作物和指示性植物的地点进行观测。有临近或自然条件相似的气象站，便于平行观测和对比性观测。有稳定的动力供应条件。站点所在地便于日常管理和维护。

（二）仪器的布置原则

农业自动气象站的观测场内仪器的布置，要注意互不影响，便于观测操作。具体要求：

（1）高的仪器安置在北面，低的仪器须顺次安置在南面，东西列成行。

（2）仪器之间，南北间距不小于 3m，东西间距不小于 4m。仪器距围栏不小于 3m。

（3）观测场门开在北面，仪器安置在紧靠东西向小路的南面，值班人员应从北面接近仪器。

（4）观测场内仪器具体布置。自动气象站的风向风速传感器安装在东边的风杆上（亦可安装在现有风杆附近）；温、湿传感器安装在东边的大百叶箱内；雨量传感器安装在原来虹吸雨量计的位置上；自动气象站浅层地温传感器安装在原曲管地温表东面扩展的裸地内；深层地温传感器安装在原直管地温表的南侧，与原直管地温表相距 0.5m，东西方向排成一排。

（三）自动气象站分类

自动气象站是由电子设备或计算机控制的自动进行气象观测和资料收集传输的气象站，可以连续自动测量风向、风速、温度、湿度、气压、蒸发、雨量、辐射、地温（地表温度、浅层温度、深层温度）等。自动气象站网通过综合遥测设备，对气象保障服务范围内的气象要素进行连续监测，经计算机处理后，生成统一格式并建立相应的数据库子系统，通过通信传输系统（有线、无线）将数据资料传入数据库子系统，供用户使用。自动气象站有两种形式：

（1）有线遥测自动气象站。仪器的感应部分与接收处理部分相隔几十米到几公里，其间用有线通信电路传输。这种自动站早期用于实时查询气象资料，现在逐渐取代气象站主要观测工作。

（2）无线遥测气象站（又称无人气象站）。包括测量系统、程序控制和编码发射系统、电源三部分组成。无人气象站通常能连续工作一年左右；每天定时观测 4—24 次。可在 1000km 之外的控制中心指令或接收它拍发的电报，也可以利用卫星收集或转发它拍发的资料。无人气象站通常安置沙漠、高山等人烟稀少的地区，用于填补地面气象观测网的空白处。

（四）自动气象站的使用

为了改变人工观测落后面貌，20 世纪 80 年代以来我国陆陆续续地建起了很多自动气象站，如设施农业气象站（图 2-2），主要用于开展设施蔬菜大棚内的温度、湿度、二氧化碳浓度等小气候调控气象监测，可以对大棚育苗的播种期、移栽期进行指导性服务。种植农业气象站（图 2-3），具有气象监测和病害预警等多种功能，对病虫害防治、作物生产和商业及科研分析提供强有力的信息支持，可对地面生态环境及多种气象要素（温度、湿度、风速、风向、气压、雨量、太阳辐射、土壤湿度、CO_2 等）进行定时自动采集，计算，处理，显示，存储，通信和打印，提高了观测效率，减轻了观测人员的劳动强度。

图 2-2　设施农业气象站

图 2-3　种植农业自动气象站

自动气象站建设完成后，实时采集数据并对数据进行处理和保存，观测人员只要对其数据进行检查和审核，可通过自动气象站网直接发报给上级或同级业务部门。自动农业气象观测站的建成，可大大提升高标准粮田示范区应对与防御农业气象灾害的能力，为粮食丰产丰收提供气象服务保障。

自动农业气象观测站可实现对大田作物长势、苗情、墒情、病虫害以及气温、湿度、风向、风速、地温、降水、气压、光合有效辐射、总辐射、日照时数等农田小气候进行实时自动观测、图像处理分析和数据采集。

第三节　农业气象观测

气象条件与农业生产息息相关。农业气象观测所获得的资料可用来鉴定农业生产对象和过程与气象条件的定量关系，进行农业气象情报、预报服务以及农业气候资源的分析和区划，也可为利用、调节和改造农业小气候条件提供基本资料。农业气象观测遵循平行观测的原则，在农业气象站附近的农业气象观测地段上进行。为了使观测资料具有代表性和可比性，在选择观测地段时要考虑地形、地下水位和耕作技术等因素在年际间基本一致。观测的农业对象要选择当地最有代表性的种类。物候观测的时间间隔以不漏测和不迟测为原则，农业气象要素的观测应能反映其变化状况和极值。观测时间可根据农业气象要素和农业生产对象的特点来确定；同时要考虑与气象站的气象观测时间相配合，通常采用定期观测，也可进行不定期观测。

农业气象观测方法根据所要求的精度分为目测、常规仪器观测和精密仪器观测。现在的观测仪器有所改进，出现了遥测和综合农业气象观测仪器，可自动打印记录多种农业气象要素的数据。遥感技术提供大范围的雨量和其他等信息，也可用于确定自然植被和畜禽的状况。这些都为农业气象观测工作的自动化、遥测化和综合化以及客观化展示了良好的前景。

一、农业气象观测概述

农业气象观测规范是指气象台站取得具有正确性、代表性、比较性的农业气象观测资料的技术规定。《农业气象观测规范》采用系列版本，分上、下两卷。上卷有作物分册、土壤水分分册、自然物候分册、畜牧分册。下卷有果树分册、林木分册、蔬菜分册、养殖渔业分册和补充篇农业小气候观测。

（一）观测的目的和意义

作物观测是农业气象观测的重要部分，通过农业气象条件对作物生长发育产量形成及品质的影响，为农业气象预报、情报以及作物的气候评价等提供依据，为高产、优质、高效农业服务。

（二）观测任务

农业气象观测的两大任务：在农作物生长环境中，进行物理要素和生物要素的观测记载。

物理要素指气象要素和有关的土壤要素；生物要素指生物生长发育特征和产量结构分析。其任务由国家局、省局指定；可否为当地服务，由本站自行确定。

（三）观测的基本要求

必须遵循平行观测的原则，一方面观测作物的气象要素、田间土壤湿度，同时要进行作物的生育情况和产量结构的观测。

采取点面结合的观测方法。①有相对固定的观测地段。②农业生产关键季节、作物发育关键期和气象灾害、病虫害发生期进行大范围调查。③建立健全规章制度，保证观测工作的顺利进行和质量的不断提高。④观测由专人负责，严禁推测、伪造和涂改记录；不得缺测、漏测、早测、迟测和擅自中断、停止观测。

（四）观测地段资料

观测地段资料包括综合平面示意图、气象站位置、所有观测地段及编号、观测地段环境、其他建筑物和障碍物，归档保存。

二、作物发育期的观测

作物发育期的观测，是根据作物外部形态变化，记载作物从播种到成熟的整个生育过程中发育期出现的日期，以了解发育速度和进程，分析各发育时期与气象条件的关系，鉴定农作物生长发育的农业气象条件。

（一）观测作物和品种

（1）观测作物要能代表当地主要种植制度的作物组合。观测作物确定后，既要保持相对的连续性，也要适应当地耕作制度改革的变化。

（2）观测作物的品种应是当地普遍推广或即将推广的优良品种，品种更新换代，观测作物的品种也应更换。

（3）观测作物应在当地适宜或普遍播种、移栽的时期播种、移栽。如因气候原因或耕作改制，当年播种普遍提早或推迟，观测作物的播种也应随之提早或推迟。

（4）观测作物应记载作物的品种类型和大田栽培方式等（见表 2-1）。

表 2-1 主要作物品种类型、熟性和栽培方式

作物名称	品种类型	熟性	大田栽培方式
水稻	常规稻、杂交稻，籼稻、粳稻、糯稻，双季早稻、双季晚稻、一季稻	早熟、中熟、晚熟	直播、移栽
小麦	冬小麦（冬性、半冬性、春性）；春小麦	早熟、中熟、晚熟	条播、撒播；平作、套作
玉米	常规玉米、杂交玉米，马齿型、半马齿型、硬粒型、甜质型、爆裂型	早熟、中熟、晚熟	平作、套作；直播、移栽、地膜覆盖
棉花	陆地棉（普通棉）、海岛棉（长绒棉）	早熟、中熟、晚熟	平作、间作、套作；直播、移栽、穴播、地膜覆盖
大豆	蔓生型、半直立型、直立型	早熟、中熟、晚熟	平作、套作、间作；穴播、条播
油菜	白菜型、芥菜型、甘蓝型	早熟、中熟、晚熟	平作、套作；穴播、移栽、撒播

（二）观测次数和时间

（1）发育期一般两天观测一次，隔日或双日进行，但旬末应进行巡视观测。

（2）禾本科作物抽穗（抽雄）、开花期每日观测。

（3）规定观测的相邻两个发育期间隔时间很长，在不漏测发育期的前提下，可逢 5 和旬末巡视观测，临近发育期即恢复隔日观测。具体时段由台站根据历史资料和当年作物生长情况确定。

（4）冬小麦冬季停止生长的地区，越冬开始期后到春季日平均气温达到 0 ℃之前这段时间，每月末巡视一次，以后恢复隔日观测。

（5）观测时间一般定为下午，有的作物开花时间在上午，开花期则应在上午观测。

（三）观测地点的选定

（1）测点位置：在观测地段 4 个区内，各选有代表性的一个点，作上标记，并按区顺序编号，发育期观测在此进行。测点之间应保持一定距离。为增强代表性，各区测点位置交错排列，使之纵横都不在同一个行上，测点距田地边缘的最近距离不能小于 2m，面积大的地段应更远些，以避免边际影响。切勿将测点选在田头、道路旁和入、排水口处。

（2）选定时间：一般在作物出苗后，下一发育期出现前进行；育苗移栽的作物可在大田植株成活（返青）期进行。

（3）测点面积。

①条播密植作物宽为 2 至 3 行，长为 1~2m。

②穴播或稀植作物宽为 2 至 3 行，每行长可包括 15 至 20 穴（株）。

③撒播作物为 1 m^2。秧田、苗床为 0.25m^2。

④间套种作物可酌情加大。

（4）观测植株选择。分蘖作物分蘖前以株为单位观测，分蘖后以茎为单位观测。

①条播密植作物：观测植株一般不固定，分蘖作物分蘖期固定植株观测。观测时在观测点连续取 25 株（茎），分蘖作物拔节期取 10 个大茎。

②稀植作物：定苗前植株不固定，定苗后固定植株观测。每个测点连续选取 10 株。

③穴播（栽）作物：每个测点连续固定 5 穴（丛），分蘖作物拔节期每穴取 2 个大茎。

④撒播作物：观测植株不固定，每次观测各点取 25 个株（茎）。

⑤间套作作物：观测植株的选择根据不同的栽培方式按上述规定进行。如果两种作物均为规定观测作物，则分别观测记载，若只观测一种，则应在备注栏内记载另一种作物的主要发育期（目测），不作正式记录。

⑥保护地栽培作物：如薄膜育苗、温室育秧、地膜栽培等，植株选择根据不同栽培方式而定。观测在保护地内进行，要在备注栏内注明。

（四）发育期的确定

（1）当观测植株上或茎上出现某一发育期特征时，即为该个体进入了某一发育期。地段作物群体进入发育期，是以观测的总株（茎）数中进入发育期的株（茎）数所占的百分率确定的。第一次大于或等于 10% 为发育始期，大于或等于 50% 为发育普遍期，大于或等于 80% 为末期。一般发育期观测到 50% 为止（本章有明确规定的发育期除外），分枝作物有的发育期还应观测盛期。

（2）发育期百分率计算。首先统计观测总株数，再观测其中进入发育期的株（茎）数，求出百分率，记载时取整数，小数四舍五入。穴播作物每一发育期第一次观测时先要统计各区观测穴内的总株（茎）数。

有的发育期不便统计百分率，则以整个地段作物为对象，目测判断 50% 的植株进入发育期的日期。

（3）特殊情况处理。

①有的作物因品种等原因，进入发育期的植株达不到10%或50%时，观测进行到进入该发育期的植株数连续观测3次总增长量不超过5%，因气候原因所造成的上述情况，仍应观测记载。

②观测植株不固定的作物，如某次观测结果出现发育期百分率有倒退现象，应立即重新观测，检查观测是否有误或观测植株是否缺乏代表性，以后一次观测结果为准。

③因品种、栽培措施等原因，有的发育期未出现或发育期出现异常现象，应予记载。

④固定观测植株如失去代表性，应在测点内重新固定植株观测，当测点内观测植株有3株或以上失去代表性时，应另选测点。

⑤在规定观测时间遇到有妨碍进行田间观测的天气或旱地灌溉可推迟观测，过后应及时进行补测。如出现进入发育期百分率超过10%、50%或80%，则将本次观测日期相应作为进入始期、普期或末期的日期。

以上特殊情况出现和处理情况应记入备注栏。

（五）发育期的观测

详细内容见表2-2。

表2-2　主要作物观测的发育期

作物	发育期
稻类	播种、出苗*、三叶、移栽、返青*、分蘖、拔节、孕穗、抽穗、乳熟*、成熟*
麦类	播种、出苗*、三叶、分蘖、越冬开始*、返青*、起身*、拔节、孕穗、抽穗、开花、乳熟*、成熟*
玉米	播种、出苗*、三叶、七叶、拔节、抽雄、开花、吐丝、乳熟*、成熟*
高粱	播种、出苗*、三叶、七叶、拔节、抽穗、开花、乳熟*、成熟*
谷子	播种、出苗*、三叶、分蘖、拔节、抽穗、乳熟*、成熟*
甘薯	移栽、成活*、蔓伸长、薯块形成*、可收*
马铃薯	播种、出苗*、分枝、花序形成、开花、可收*
棉花	播种、出苗*、三真叶、五真叶、现蕾、开花、裂铃、吐絮、停止生长*
大豆	播种、出苗*、三真叶、分枝、开花、结荚、鼓粒*、成熟*
花生	播种、出苗*、三真叶、分枝、开花、下针、成熟*
油菜	播种、出苗*、五真叶、移栽、成活*、现蕾、抽薹、开花、绿熟*、成熟*
芝麻	播种、出苗*、分枝、现蕾、开花、蒴果形成、成熟*

（续表）

作物	发育期
向日葵	播种、出苗*、二对真叶、花序形成、开花、成熟*
甘蔗（新植）	播种、出苗*、分蘖、茎伸长*、工艺成熟*
甘蔗（宿根）	发株、茎伸长*、工艺成熟*
甜菜	播种、出苗*、三对真叶、块根膨大、工艺成熟*
烟草	播种、出苗*、二真叶、四真叶、七真叶、移栽、成活*、团棵*、现蕾、工艺成熟*
苎麻（种子）	播种、出苗*、二对真叶、五对真叶、移栽、成活*、伸长、工艺成熟*
苎麻（宿根）	发芽*、茎叶*、伸长、工艺成熟*
黄麻	播种、出苗*、三真叶、现蕾、开花、工艺成熟*
红麻	播种、出苗*、三裂掌状叶*、现蕾、开花、工艺成熟期*
亚麻	播种、出苗*、二对真叶、枞形*、现蕾、开花、工艺成熟*、种子成熟*

说明：

（1）表中播种、移栽期记载该项农事活动的日期。

（2）表中带有*号的发育期为目测项目，不需统计进入发育期的百分率。

（3）观测作物未进行移栽，移栽、成活期不记载；如进行两次移栽或表中未规定进行移栽而移栽的作物，均应记载移栽和成活期。

（4）发育期按出现先后顺序记载，若同时出现两个发育期，按表中所列发育期顺序记载。

（六）水稻类发育期标准

出苗期：从芽鞘中生出第一片不完全叶。

三叶期：从第二片完全叶的叶鞘中，出现了全部展开的第三片完全叶。

移栽期：移栽的日期。

返青期：移栽后叶色转青，心叶重新展开或出现新叶（上午叶尖有水珠出现），用手将植株轻轻上提，有阻力，说明根已扎入泥中。

分蘖期：叶鞘中露出新生分蘖的叶尖，叶尖露出长 0.5~1.0cm。

分蘖期达到普遍期后，进行分蘖动态观测，每 5 天加测一次密度，确定分蘖盛期（观测增长数最多的一次）和有效分蘖终止期（单位面积总茎数达到预计成穗数），达到有效分蘖终止期即停止分蘖动态观测，测定结果记入密度测定页。

分蘖观测以本田为主，如果在秧田中已有分蘖，应记载分蘖开始期和普遍期，记入备注栏内。

拔节期：茎基部茎节开始伸长，形成有显著茎秆的茎节为拔节。拔节高度距最高生根节长度早稻为 1.0cm，中稻为 1.5cm，晚稻为 2.0cm。

早稻在拔节前穗分化开始，第一节间伸长；中稻在拔节时穗分化开始，第一节间定长，第二节间伸长；晚稻在拔节后穗分化开始，第一、二节间均为定长，第三节间伸长。

孕穗期：剑叶全部露出叶鞘。

抽穗期：穗子顶端从剑叶叶鞘中露出。有的稻穗从叶鞘旁呈弯曲状露出。如大量出现此种弯曲抽穗情况，可能由于气象条件影响所致，应加以注明。抽穗期除记载始期、普遍期外，还应记载末期（即齐穗期）。稻穗抽出后当天或1—2天即开花，故不观测开花期。晚稻遇有低温影响开花时，应在备注栏注明。

乳熟期：当穗子顶部的籽粒达到正常谷粒的大小，颖壳充满乳浆状内含物，籽粒呈绿色。

成熟期：籼稻稻穗上有80%以上，粳稻有90%以上的谷粒呈现该品种固有的颜色。

（七）麦类（冬小麦、春小麦、大麦、元麦、青稞、莜麦、燕麦）发育期标准

出苗期：从芽鞘中露出第一片绿色的小叶，长约2.0cm，条播竖看显行。

三叶期：从第二叶叶鞘中露出第三叶，叶长为第二片叶的一半。

分蘖期：叶鞘中露出第一分蘖的叶尖约0.5~1.0cm。

越冬开始期：植株基本停止生长，分蘖不再增加或增长缓慢（可以第一次5日平均气温降到0 ℃的最后一天为准）。有些地区冬季气温经常在0 ℃左右波动，遇此情况应根据植株高度变化情况而定。

返青期：冬小麦恢复生长，心叶长出1.5~2.0cm。

起身期：冬小麦麦苗由匍匐转向直立。此时穗分化进入二棱期。

冬小麦冬季不停止生长的地区不观测越冬开始期、返青期和起身期。

拔节期：茎基部节间伸长，露出地面1.5~2.0cm时为拔节。此时穗分化进入小花分化期。冬前一般不拔节的地区，如出现拔节现象，应详细在备注栏内记明拔节开始日期和拔节百分率。

孕穗期：旗叶全部抽出叶鞘。

抽穗期：从旗叶叶鞘中露出穗的顶端，有的穗于叶鞘侧弯曲露出。

开花期：在穗子中部（莜麦、燕麦顶部）小穗花朵颖壳张开，露出花药，散出花粉。遇阴雨天气外颖不张开，需小心地剥开颖壳进行观测。

乳熟期：穗子中部（莜麦、燕麦顶部）籽粒达到正常大小，呈黄绿色。内含物充满乳状浆液。

成熟期：80% 以上籽粒变黄，颖壳和茎秆变黄，仅上部第一、第二节仍呈微绿色。

（八）玉米发育期标准

出苗期：从芽鞘中露出第一片叶，长约 3.0cm。

三叶期：从第二叶叶鞘中露出第三叶，长约 2.0cm。

七叶期：从第六叶叶鞘中露出第七叶，长约 2.0cm。

为了避免培土时将基部叶子埋入土中，可在三叶期作一标记。

拔节期：玉米基部节间由扁平变圆，近地面用手可摸到圆而硬的茎节，节间长度约 3.0cm。此时雄穗开始分化。

抽雄期：雄穗的顶部小穗，从叶鞘中露出。

开花期：雄穗中上部花药露出，散出花粉。

吐丝期：植株雌穗苞叶中露出花丝。

乳熟期：雌穗的花丝变成暗棕色或褐色，外层苞叶颜色变浅仍呈绿色，籽粒形状已达到正常大小，果穗中下部的籽粒充满较浓的白色乳汁。

成熟期：80% 以上植株外层苞叶变黄，花丝干枯，籽粒硬化，呈现该品种固有的颜色。不易被指甲切开。

在观测乳熟、成熟两发育期时，若识别有困难，可在观测点外取样剥开几穗，在穗中下部苞叶外用刀片切"V"字口，每次打开进行观测，然后盖好。以确定外部特征，与观测植株作比较。

（九）高粱发育期标准

出苗期：从芽鞘中露出第一片叶，长约 2.0cm。

三叶期、七叶期、拔节期标准同玉米。

抽穗期：从剑叶叶鞘中或从叶鞘侧部露出穗的小穗。

开花期：穗顶部有花药露出，并散出花粉。

乳熟期：穗上部籽粒达到正常的大小，充满乳状内含物。

成熟期：80%以上的籽粒达到正常颜色，籽粒变硬，不易被指甲压破。

（十）马铃薯发育期标准

出苗期：幼苗露出土壤表面。

分枝期：基部叶腋间生出侧芽，长约 1.0 cm。

花序形成期：在主茎顶部叶腋间开始出现第一轮花序，花蕾长约 2.0mm。

开花期：主茎顶部的花开放。

可收期：茎叶开始凋萎，植株基部叶子干枯，变为褐色。

（十一）棉花发育期标准

出苗期：幼苗出土，两片子叶展开。

三真叶期：从主茎顶端出现完全展开的第三片真叶。

五真叶期：从主茎顶端出现完全展开的第五片真叶。

现蕾期：植株最下部果枝第一果节出现三角塔形花蕾，长约 3.0 mm。

开花期：植株下部果枝有花朵开放。

开花盛期：50%的棉株第 4 果枝上有花朵开放。

裂铃期：植株上出现正常开裂的棉铃，可见到棉絮。

吐絮期：植株上出现完全张开的棉铃，棉絮外露呈松散状态，容易从铃瓣中取出。如果天气阴雨，棉铃难以正常裂铃或吐絮，发育期推迟应注明。

吐絮盛期：50%的棉株第 4 果枝上有棉铃吐絮。

停止生长期：因霜冻的突然侵袭，棉株幼嫩部分不再继续生长或呈凋萎状态，即将出现霜冻的那天记为停止生长期。停止生长前拔秆的地区记拔秆日期。

（十二）大豆发育期标准

出苗期：子叶在土壤表面展开。

三真叶期：两片真叶（单叶）出现后，又出现了由三片小叶组成的复叶，并开始展开。

分枝期：在主茎基部叶腋间出现了长约 1.0cm 的侧芽。 出现分枝期因品种而异，有的在开花前，有的在开花后。

开花期：花序上展开了第一朵花的上花瓣（旗瓣）。

结荚期：落花后开始形成幼荚，长约 2.0 cm。

鼓粒期：荚果籽粒开始明显凸起。

成熟期：植株变黄，下部叶开始枯落，荚果变干，籽粒变硬，呈现出该品种固有的颜色。

（十三）花生发育期标准

出苗期：第一片真叶展开。

三真叶：在第二真叶出现后，出现由四片小叶组成的第三真叶。

分枝期：在子叶叶腋间出现第一对侧芽，长约 1.0 cm。

开花期：花序上第一朵花的旗瓣开放。第一批花在茎的基部，接近地表，须仔细观测。

下针期：第一批果针向下弯曲达到土壤表面。应仔细观测，特别是对蔓生品种。

成熟期：植株上部叶片变黄，基部及中部叶片正常脱落或变为褐色，荚果变硬，荚壳变薄，籽粒饱满，种皮发红。可从土中挖取荚果观测。

（十四）油菜发育期标准

出苗期：两片子叶在土壤表面展开。

五真叶期：第五真叶展开。

移栽期：移栽的日期。

成活期：叶片舒展，在阳光的直射下不再凋萎。

现蕾期：植株顶部出现花苞（拨开幼叶检查）。

抽薹期：主茎伸长，出现薹子，长约 2.0cm。

开花期：主序上有花朵开放。如果冬前开花，进行观测后，因采取打薹措施而中断，春季仍应进行开花观测，报表以后一次观测结果为准，早花情况记入备注栏。

开花盛期：全田半数以上植株，2/3 的分枝花开放。

绿熟期：主序的角果由绿色转黄绿色，大部分分枝上角果仍为正常绿色。种子的种皮转为淡绿色。

成熟期：植株大部分叶片干枯脱落。主序的角果已显现正常的黄色，籽粒颜色转深、饱满。大部分分枝角果开始褪色，转成黄绿色并富有光泽。植株外观表现“半青半黄”。

（十五）芝麻发育期标准

出苗期：两片子叶在土壤表面展开。

分枝期：在主茎下部叶腋间出现侧芽，长约 1.0cm。单秆型品种不观测该发育期。

现蕾期：在主茎叶腋间出现绿色花苞。

开花期：植株的花序上第一朵花开放。

蒴果形成期：在主茎的叶腋间，出现一个长形有棱、顶端扁平而尖的蒴果。

成熟期：植株枝叶变黄，部分叶片已脱落，下部蒴果转黄色，多数蒴果仍为绿色，种子已呈现该品种固有的色泽（不同品种成熟期叶、果实颜色有所不同，应以种子成熟为准）。

（十六）向日葵发育期标准

出苗期：两片子叶在土壤表面展开。

二对真叶期：出现展开的第二对真叶。

花序形成期：植株顶部出现头状花序，直径约 2.0cm。

开花期：花序外环舌状小花开放。

成熟期：花干枯掉落，花盘背面变黄，籽粒达到该品种典型硬度和颜色。

（十七）甘蔗发育期标准

（1）新植甘蔗。

出苗期：锥状幼芽露出地面，长约 2.0cm。

分蘖期：幼茎基部节上的芽萌发出土，长约 2.0cm。

茎伸长期：茎节迅速伸长，地面上出现主茎的第一个节，伸长的节间约 3.0cm。

工艺成熟期：枯黄叶增多，梢叶短小，茎的外皮干燥光滑，蜡粉稀薄色淡，蔗汁呈淡黄色，断面中间显有灰白色小点，这时含糖量最高。如有条件可按当地标准进行锤度、蔗糖、纯度测定。无测定条件可品尝蔗汁，蔗汁上、中、下三部甜度差异不大（上、下部锤度之比达 0.9~1.0）时，为工艺成熟期。

（2）宿根甘蔗。

发株期：新植蔗收后开始发株，长约 2.0cm。

茎伸长期和工艺成熟期同新植甘蔗。

（十八）烟草发育期标准

出苗期：幼苗出土后两片子叶展开。

二真叶期：出苗后不久，出现两片大小相似的真叶，并与子叶交叉成十字形。

四真叶期：第四片真叶出现并展开，三、四片真叶与一、二片真叶交叉呈十字形。

七真叶期：第七真叶出现并展开。

移栽期：移栽日期。

成活期：叶色开始发绿，在阳光下不再凋萎。

团棵期：移栽成活后，展开 13 至 16 片新叶，株形近似球形，称团棵期。

现蕾期：全部叶片伸展，植株顶端出现第一批花蕾。若出现早花现象应分析原因。打顶早的品种不观测该发育期。

工艺成熟期：烟叶由下向上逐渐成熟，根据烟叶成熟的特征分批采收。分别记脚叶、腰叶、顶叶的工艺成熟期。烤烟工艺成熟的外表特征是：叶色由绿变为黄绿色，厚的叶片表面常出现淡黄色斑块；主脉变白发亮，质地变脆，易从烟株上摘下，且断面齐平；叶表面茸毛脱落，有光泽，树脂类分泌物增多，手摸有粘的感觉；叶尖边缘下垂，茎叶角度增大。

烟叶工艺成熟特征随品种、叶片着生部位、土壤、气候、栽培技术等不同而有差异。

（十九）苎麻发育期标准

（1）种子繁殖的苎麻。

出苗期：幼苗出土，子叶展开（因种子细小，应注意观测）。

二对真叶期：在第一对真叶后抽出的两片舒展的叶子（苎麻叶是互生，但叶子却成双出现）。

五对真叶期：在第四对真叶后，抽出一对叶面舒展的叶子。

移栽期：移栽的日期。

成活期：定植后当阳光直射与土壤水分不缺乏的情况下，叶子不再凋萎或新根开始生长。

伸长期：成活后从茎梢的顶端抽出新的第一对叶子。

工艺成熟期：即头麻收割。茎上部叶柄和叶片变黄，茎秆大部分皮色由青转褐（或咖啡色），茎下部的叶子脱落，并且茎上的麻皮与麻骨（即韧皮部与木质部）容易分离。

种子繁殖的苎麻，当年按上述发育期观测到头麻收割，从第二麻起，按宿根繁殖的发育期特征进行观测。

（2）宿根繁殖的苎麻。

发芽期：宿根的茎芽分蘖露出土面 1.0~1.5cm，呈淡绿色，上有茸毛。

茎叶期：基叶平展，在幼茎上出现一丛嫩叶。

伸长期：茎叶完全展开后，从茎顶端长出一对新叶，而茎继续增长。

工艺成熟期：特征与种子繁殖的苎麻相同。

（二十）黄麻发育期标准

出苗期：两片子叶在土壤表面展开。

三真叶期：出现展开的第三真叶。

现蕾期：在叶腋或叶腋的背面，或向上延伸的节间出现花蕾。

开花期：植株上第一个花蕾开放。

工艺成熟期：麻株“上花下果”，一般花多果少。

（1）红麻（洋麻）发育期标准。

出苗期：幼苗出土，两片子叶展开。

三裂掌状叶期：植株顶部出现三裂掌状叶。植株长出 6 至 9 片心脏形叶后，随即出现心脏形叶向三裂叶过渡状态的叶片数个，然后即出现三裂掌状叶片。

现蕾期：植株基部叶腋出现花蕾。

开花期：任何一朵花开放。

工艺成熟期：植株梢部长出披针形叶片，并完全展开；营养生长处于停止状态，纤维已成熟。

（2）亚麻（胡麻）发育期标准。

出苗期：子叶露出土壤表面。

二对真叶期：第二对真叶展开。

枞形期：当株高 5 cm 左右时，植株上部聚生着 3 对以上真叶，像小枞树一样。

现蕾期：主茎顶部出现密集的花芽。观测时须把周围的叶子拨开。

开花期：主茎花序上有花朵开放，一般出现在清晨（8 至 10 时）。

工艺成熟期：植株的主要颜色是黄青色，成熟的种子占三分之一到二分之一，部分叶子掉落。该期也称黄熟期，为纤维用亚麻的适宜收获期。油用亚麻也应观测该发育期。

种子成熟期：上部蒴果已开始变硬，植株的主要颜色呈暗黄色至淡棕色。全部叶子枯萎，下半部的叶子已经掉落。蒴果有裂痕出现，种子呈现固有的色泽，摇动有响声。也称完熟期，为油用亚麻的适宜收获期。纤维用亚麻不观测该发育期。

三、作物生长状况测定

农业气象条件对作物生长发育和产量的影响，在生育过程中具体表现在生长状况和产量形成上。观测的目的在于鉴定气象条件对作物生长的影响和提供产量预报资料。

（一）测定时期和项目

详细内容见表 2–3。

表 2–3　生长状况测定时期及项目

作物	发育普遍期	测定项目			
		高度	密度	有关产量因素	评定
稻类	移栽（前 3 天内） 返青 拔节 抽穗 乳熟	 高度 高度 高度	株数 茎数 茎数 有效茎数 总茎数 有效茎数	一次枝梗数 结实粒数	每个发育普遍期均应进行生长状况评定

（续表）

作物	发育普遍期	测定项目			
		高度	密度	有关产量因素	评定
麦类	三叶 越冬开始 返青 拔节 抽穗 乳熟	 高度 高度 高度	株数 茎数 茎数 茎数 有效茎数 总茎数、有效茎数	分蘖数、大蘖数 分蘖数、大蘖数 越冬死亡率 小穗数 结实粒数	每个发育普遍期均应进行生长状况评定
玉米	七叶（定苗） 拔节 抽雄 乳熟	 高度 高度	株数 总株数、有效茎数	 茎粗 茎粗、果穗长、果穗粗、 双穗率	
棉花	五真叶（定苗） 开花 吐絮 吐絮盛期 停止生长	 高度 高度	株数 株数 株数	伏前桃、伏桃、秋桃数 单铃重、果枝数	
大豆	三真叶（定苗） 开花 鼓粒	高度 高度 高度	株数 株数	一次分枝数、荚果数	
油菜	成活（定苗） 抽薹 绿熟	 高度 高度	株数 株数	一次分枝数、荚果数	
高粱	七叶（定苗） 拔节 乳熟	高度 高度	株数 总株数 有效株数		
谷子	三叶（定苗） 拔节 抽穗 乳熟	高度 高度	株数 茎数 有效茎数 总茎数 有效茎数		
甘薯	薯块形成 可收		株数 株数		
马铃薯	出现分枝 可收	高度 高度	株数 株数		

（续表）

作物	发育普遍期	测定项目			
		高度	密度	有关产量因素	评定
花生	三真叶 成熟	高度 高度	株数 株数		每个发育普遍期均应进行生长状况评定
芝麻	开花 成熟	高度 高度	株数 株数		
向日葵	花序形成 成熟	高度 高度	株数 株数		
甘蔗	茎伸长 工艺成熟	茎伸长至工艺成熟每旬测定	茎数 总茎数、有效茎数		
甜菜	三对真叶（定苗） 工艺成熟		株数 株数		

说明：

（1）冬小麦冬季不停止生长的地区，越冬开始期测定项目在 1 月 10 日前 3 天内进行。返青期不进行测定。

（2）需要定苗的作物，第一次密度测定在定苗时进行，不需定苗的作物在上表所列发育期的普遍期测定。个别特殊情况由各省级业务管理部门自行确定。

（二）生长高度的测量

植株生长高度是衡量作物生长速度的标志之一，在作物整个生育期间，于规定的时期进行测量。

1. 测量地点。

在发育期观测点附近，选择植株生长高度具有代表性的地方进行。测点需距田地边缘 2 米以上。

2. 植株选择。

（1）每测点取 10 株， 4 个测点共 40 株。

（2）条播密植、稀植和撒播作物，植株不固定，连续取样测量。

（3）穴（丛）播作物，植株不固定，连续取 5 穴（丛），每穴（丛）任取 2 株（茎）。

（4）甘蔗、纤维用麻类、烟草，观测次数较多的作物，固定植株顺序测量高度。

（5）个别植株因折断或死亡时，应补选。测点中有 3 株或 3 株以上失去代表性时，则该测点植株应全部另选，并在备注栏注明。

3. 测量方法。

（1）禾本科作物稻类、麦类、玉米、高粱、谷子、甘蔗，拔节（蔗茎伸长）期及其以前，从土壤表面量至所测植株叶子伸直后的最高叶尖；拔节（蔗茎伸长）期以后，量至最上部一片展开叶子的基部叶枕，抽穗后量至穗顶（不包括芒长）。

（2）棉花、大豆、油菜、花生、芝麻、向日葵、马铃薯、烟草、麻类从土壤表面量至主茎顶端（包括花序）。打顶的作物量至主茎最高处。

（3）作物培土后，植株高度测量从培土高度的一半量起。

（4）高度测量以厘米为单位，小数四舍五入，取整数记载。

4. 植株密度测定。

密度是对单位土地面积上植株数量进行测定。密度是构成作物单位面积产量的重要因素之一，是科学管理的重要指标。分蘖作物密度的变化与气象条件关系十分密切。因此，在作物密度发生变化的发育期，需要进行密度测定。

（1）密度测定地点。第一次密度测定时在每个发育期测点附近，选有代表性的 1 个测点，做上标志，每次密度测定都在此进行。为提高产量结构分析的精确性，稻类、麦类乳熟期密度测定时，每个区增加 1 个点，共 8 个点。测点距田地边缘需在 2m 以上。如测点失去代表性时，应另选测点，并注明原因。

（2）密度测定方法。测定单位面积上的总株（茎）数和有效株（茎）数，均以每平方米株（茎）数表示。单茎作物测定每平方米株数；分蘖作物分蘖前测定每平方米株数，分蘖后测定每平方米茎数。有效株（茎）数的测定结合总株（茎）数测定进行。稻类、麦类、谷子每茎正常籽粒≥ 5 粒为有效茎；玉米、高粱每株正常籽粒≥ 10 粒为有效株，抽穗期有效茎数的测定以已抽穗和孕穗的为准。甘蔗茎长度的 1 米以下且茎径小于 1.5cm，为无效茎。密度测定运算过程及计算结果均取二位小数。

5. 条播密植作物。

（1）1 米内行数：每个测点出 10 个行距（1 至 11 行）的宽度，但畦作或垄作地段应量出 2 个或以上畦或沟的宽度。以 m 为单位，取二位小数（即 cm），然后数出行距数，4 个测点总行距数除以所量总宽度，即为平均 1 米内行数。

（2）1m 内株（茎）数：每个测点在相邻的两行各取 0.5m 长错开的一段（相加为 1m）数其中的株（茎）数，各测点 1m 内株（茎）数之和除以 4，求得平均 1 m 内株（茎）数，分蘖作物乳熟期求 8 个测点的平均值。

密度不均匀的地段，测量长度应增加一倍（两行相加为 2m），然后求出平均 1m 内株（茎）数。

（3）$1m^2$ 株（茎）数：$1m^2$ 株（茎）数 = 平均 1m 内行数 × 平均 1m 内株（茎）数

6. 稀植或穴播（栽）作物。

（1）1m 内行数：同条播密植作物规定。

（2）1m 内株（茎）数：稀植作物每个测点连续量出 20 个株距，各测点的株距数之和除以所量总长度，即为平均 1m 内株数。穴播（栽）作物每个测点连续量出 10 个穴距的长度（ 测量方法同 1m 内行数测定），数出其中的株（茎）数，各测点株（茎）数之和除以所量的总长度，即为 1m 内株（茎）数。

（3）$1m^2$ 株（茎）数：$1m^2$ 株（茎）数 = 平均 1m 内行数 × 平均 1m 内株（茎）数。

7. 撒播作物。

（1）$1m^2$ 株（茎）数：每个测点取 $0.25m^2$（0.5m × 0.5m），数其中株（茎）数，4 个测点之和即为 $1m^2$ 内株（茎）数。水稻秧田如果密度很大，每测点取 0.04 m^2（0.2m × 0.2m），数其中株数，4 个测点总株数除以测定总面积，即为 $1m^2$ 株数。

（2）密度订正：撒播作物，畦（垄）沟或畦背占有一定面积，密度测定结果需进行订正。

第一次密度测定时，在地段观测点附近，各量出 2 畦（垄）以上的长度和宽度，求出总面积及相应的实播面积（ 不包括畦沟、背），4 个点的平均，计算订正系数，取一位小数。测定记录记入密度测定记录页内。

8. 间套种作物。

（1）1m 内行数：量取包括 2 个组合以上的总宽度，分作物数出行距数除以总宽度。

（2）1m 内株（茎）数：按不同种植方式，同时测定记录每种作物 1 m 内株（茎）数。规则或不规则的株间间作作物，取样长度应包括 10 个组合以上（根据实际种植形式和比例而定），计算每种作物 1 m 内株（茎）数。

（3）$1m^2$ 株（茎）数：每种作物分别计算。

（4）间套种作物如果均为选定的观测作物，则应分别测定密度。否则只测定观测作物的密度。

（5）条播作物“1m 内行数”的测定，仅在第一次密度测定时进行一次。测定“1m 内株（茎）数”所测长度，在测点不变的情况下，也仅在第一次密度测定时进行一次。

由于栽培方式多样，密度测定时要周密考虑应采用的测定方法，以求出正确的密度值。

（三）生长状况评定

根据作物的长势、长相和影响产量的各主要因素对作物群体生长发育状况影响进行综合目测评定。

1.评定时间。

在各种作物每个发育普遍期进行。

2. 评定方法。

以整个观测地段全部作物为对象，与全县范围对比和历年与当年对比，综合评定作物生长状况的各要素，采用划分苗类的方法进行评定。前后两次评定结果有改变时，要注明原因。

3. 评定标准。

一类：植株生长状况优良。植株健壮，密度均匀，高度整齐，叶色正常，花序发育良好，穗大粒多，结实饱满。没有或仅有轻微的病虫害和气象灾害，对生长影响极小。预计可达到丰产年景的水平。

二类：作物生长状况较好或中等。植株密度不太均匀，有少量缺苗断垅现象。生长高度欠整齐。穗子、果实稍小。植株遭受病虫害或气象灾害较轻。预计可达到平均产量年景的水平。

三类：作物生长状况不好或较差。植株密度不均匀，植株矮小，高度不整齐。缺苗断垅严重。穗小粒少。杂草很多。病虫害或气象灾害对作物有明显的抑制或产生严重危害。预计产量很低，是减产年景。

4. 主要作物有关产量因素测定。

作物产量形成后期，在田间通过对有关产量因素的测定，以获取产量预报的早期信息。统一规定测定的作物有水稻、小麦、玉米、棉花、大豆、油菜。

（1）测定地点和取样。因测定项目不同而有差异。

①水稻一次枝梗数、结实粒数：每测点选有代表性的 5 穴，每穴任取 2 个有效茎。

②小麦分蘖数、大蘖数、小穗数、结实粒数：每个测点连续取有代表性的 10 株（茎）。

③玉米茎粗、果穗长、果穗粗：在发育期观测植株上进行。双穗株取大穗测量。双穗率：每个区连续取有代表性的 25 株。

④棉花伏前桃、伏桃、秋桃数、果枝数、单铃重：在发育期观测植株上进行。

⑤大豆、油菜荚果数、一次分枝数：每个测点连续取有代表性的 10（茎）。

（2）水稻产量因素测定方法。

①一次枝梗数（个）：数出由穗轴的穗节长出的一次枝梗的数量，求出单穗平均。

②结实粒数（粒）：数出每穗上正常灌浆籽粒数，求出单穗平均。

③一次枝梗数、结实粒数平均值取一位小数。

（3）小麦产量因素测定。

①分蘖数（个）、大蘖数（个）：统计每株分蘖数（不包括主茎）和分蘖中具有三片或以上完整叶的蘖数，分别求出单株平均。为便于观测，于分蘖前各点做出标记。

②越冬死亡百分率（%）：以越冬开始期和返青期测定的每平方米茎数计算。

返青期密度测定时，假生长茎作为死亡茎统计。返青期茎数多于越冬开始期茎数时，越冬死亡率记为 0 。

假生长茎，即冬季冻害对植株已造成致命的伤害，但由于植株内有残存的养分供应，大心叶暂时生长，春季有的不很快死亡，返青一段时间才会死亡。其特征是：生长锥已皱缩，心叶呈喇叭口状，基部空心或几层心叶均呈软熟或干缩折皱状。

③小穗数（个）：数出穗轴节片着生的小穗（含不孕小穗，不包括退化小穗）数。求出单穗平均。

④结实粒数：方法同“水稻产量因素测定方法”。

⑤分蘖数、大蘖数、小穗数、结实粒数的平均值和计算结果均取一位小数。越冬死亡百分率计算结果取整数记载。

（4）玉米产量因素测定。

①茎粗（mm）：采用游标卡尺，测量从地面起第三节间中部最宽部分的直径（在叶鞘外测量），求出平均。

②果穗长（cm）：自苞叶外量取自果穗下部（不含穗柄）切线至穗轴顶端的直线长度，求出平均。

③果穗粗（cm）：自苞叶外测定果穗下部 1/3 处的直径。采用游标卡尺或通过测量穗周长计算（直径 = 周长 /3.14），求出平均。

④双穗率（%）：统计样本植株中两个或以上果穗株数，求出百分率。

⑤茎粗、果穗长、果穗粗测量值取整数，平均值茎粗取整数，果穗长、果穗粗和双

穗率均取一位小数。

（5）棉花产量因素测定。

①伏前桃、伏桃、秋桃数（个）：分别在7月15日、8月15日、9月10日观测、统计直径≥ 2 cm的棉铃数，求出单株平均铃数。观测后做上标志。

伏前桃数：7月15日前的成铃数。

伏桃数：7月16日到8月15日的成铃数。

秋桃数：8月16到9月10日的成铃数。

②单铃重（克）：每区任意摘收10个吐絮棉铃的籽棉，共40个，晾晒称重求出平均单铃重。

③果枝数（个）：数出果枝数量，求出单株平均。

④铃数、果枝数平均值均取一位小数。单铃重以感量为0.1克的天平称量，称量和平均值取一位小数。

（6）大豆、油菜产量因素测定。

①一次分枝数（个）：数出样本上一次分枝的数量，求出单株平均。

②荚果数（个）：数出样本上的荚果数，求出单株平均。

③一次分枝数、荚果数平均值取一位小数。

5. 大田生育状况观测调查。

选定地段的观测可以取得比较系统、详细的资料，但单点资料往往难以满足服务的需要。为了更好地开展服务，应对代表本县不同生产水平的田地进行调查，以弥补单点观测资料的不足（如为产量预报需要已进行多点观测的作物，可根据内容要求，抄录其不同产量水平的资料，不再做生育状况观测调查）。调查的作物应与观测地段的作物相同。各站的观测调查项目可由省级业务管理部门确定。

（1）观测调查地点。在县境范围内，作物高、中、低产量水平的地区选择三类有代表性的地块（以观测地段代表一种产量水平，另选两种产量水平地块）。可结合农业部门苗情调查或分片设点进行。

（2）观测调查时间和项目。在观测地段作物进入某发育普遍期后3天内进行。观测调查项目见表2-4。

表 2-4　大田生育状况观测调查时间和项目

作物	调查时间 （地段所处发育期）	调查项目				
		发育期	高度	密度	产量因素	生长状况评定
水稻	拔节 抽穗	发育期 发育期	高度 高度	茎数 有效茎数	一次枝梗数	
	越冬开始	发育期	高度	茎数	分蘖数、大蘖数	
小麦 玉米	返青	发育期	—	茎数	分蘖数、大蘖数	
	抽穗 拔节	发育期 发育期	高度 高度	有效茎数 株数	小穗数	
	乳熟	发育期	高度	—	茎粗、果穗长、果穗粗	每次调查时均进行生长状况
棉花	7 月 16 日 8 月 16 日	—	—	—	伏前桃 伏桃	
	9 月 11 日 吐絮	发育期	—	株数	秋桃 果枝数	
油菜	鼓粒	发育期	—	株数	一次分枝数、荚果数	
	抽薹 绿熟	发育期 发育期	高度 高度	株数	一次分枝数、荚果数	

（3）调查方法。各项调查方法参照本分册有关规定进行。其中调查时作物所处的发育期按未进入某发育期、发育始期、普遍期、发育期已过，进行目测记载。每个调查点可只取两个重复。

播种期、收获期、产量等项可直接向土地经营单位和个人调查补记。

四、作物生长量测定

生长量的测定是在间隔一定时间（或发育期），剪取一定数量具有代表性的植株，测定其叶面积和植株干物质重量。

作物产量基本上是单位面积土地上生长的叶片进行光合作用所形成的生物产量中的经济产量部分。因此测定生长期间叶面积和所积累的干物重的动态变化，作为分析产量变异的因子，将生理因果关系作为研究因素，比单纯根据产量因素有更大的优越性。但由于该项测定比较复杂，需要一定条件，进行该项观测的站由上级业务主管部门确定。

（一）测定时期

主要作物叶面积和干物质重量测定时期见表 2-5。

表 2-5　叶面积和干物质重量测定时期

作物	测定时期
水稻	三叶、移栽前 3 天内 、本田分蘖、拔节、抽穗、乳熟、成熟
冬小麦	三叶、分蘖（或三叶后 20 天）、越冬开始、返青、拔节、抽穗、乳熟、成熟
春小麦	三叶、分蘖（或三叶后 20 天）、拔节、抽穗、乳熟、成熟
玉米	三叶、七叶、拔节、抽雄、乳熟、成熟
棉花	五真叶、现蕾、开花、开花盛期、裂铃、吐絮、吐絮盛期、停止生长
大豆	三真叶、分枝（或三真叶后 20 天）、开花、鼓粒、成熟
油菜	五真叶、移栽前 3 天、现蕾、抽薹、开花、绿熟、成熟

说明：

1. 各种作物最后一次测定不进行叶面积测定。

2. 冬小麦冬季不停止生长的地区，越冬开始、返青期不进行干物质和叶面积的测定。

3. 冬小麦、春小麦不出现分蘖、大豆不出现分枝或达不普遍期，则分别于三叶后 20 天和三真叶后 20 天测定。

（二）仪器和用具

根据测定干重和叶面积的作物种类、样本的数量设置，一般应具备：

（1）恒温干燥箱（大中型）。

（2）干燥器（大中型）。

（3）天平（托盘或电子）：感量 0.1 克，载重 1~2kg；感量 0.01，载重 100~200g。

（4）求积仪、叶面积仪。

（5）塑料薄膜、剪刀、纱布袋（一个地段约 40 个，规格根据样本大小而定）。

（6）牛皮纸袋：若干个，供灌浆速度测定用。

（7）牛皮纸标签：与纱布袋数量相同。

（三）取样

叶面积和干物质重量同时测定，一次田间取样分别进行，取样时间在上午植株露水或雨水蒸发后进行。操作顺序是：按器官分类—分器官称取鲜重—测定叶面积—分器官装袋、烘干、称重。

1. 稻、麦、大豆。

在观测地段上，每区在密度测点的附近取 10 个株（茎），共 40 株（茎），其中分蘖茎的最大叶片长度应为正常叶片的一半。沿地面剪下，用塑料薄膜包好，避免植株体内水分蒸发，影响鲜重，取样后半小时内运回，及时分析处理。全部样本作为测定叶面积和干物质重量用。如采用面积法测定叶面积，再从 40 株（茎）总样本中任取 20 株（茎）测定其叶面积，然后将叶片放回样本中进行干物质重的测定。

2. 玉米、棉花、油菜。

玉米、棉花和油菜根据株高或果枝数、一次分枝数分等级按比例取样。在田间每个区连续量出 10 株高度或数出果枝、一次分枝数，按数据的离散程度分成数据范围相等的几个组，再按取样总数（至少 5 株）各组按比例取样。取样后的全部植株先进行叶面积测定后，再进行干物质测定。

$$各组总株数=\frac{取样总株数\ (5)\times 各组株数}{测量总株数\ (40)}$$

例如：40 株玉米株高为 81~130 厘米，每 10 厘米为一组共 5 组，各组分别为 2，8，15，12，3 株，如取样数为 5 株，则从 2 至 4 组高度范围内中分别取 1，2，2 株。

若出现有几组取样数相同，比预订取样总数多时，则增加取样总数，重新计算各组取样数量。

（四）叶面积测定

是对作物绿色叶片表面积的测定。叶片是作物进行光合作用的主要器官，它的面积大小直接影响作物的受光，叶面积的变化制约着农田小气候，是作物群体结构合理性的重要标志之一。测定叶面积对研究作物合理受光的群体结构，鉴定品种特征，选育新品种，计算光能利用。

1. 面积（系数）法。

对样本叶片，直接测量长度和宽度，将长度和宽度之积乘以校正系数。

主要作物的叶面积校正系数在文献上已有介绍，但同一作物不同品种的叶面积校正系数也不相同，测定叶面积时，首先需算观测作物的叶面积校正系数。如测定确有困难，也可采用下列校正系数进行。

作物名称	水稻、小麦	玉米、高粱	棉花
校正系数	0.83	0.70	0.75

2. 计算叶面积校正系数。

开始进行叶面积测定和新品种更换的当年，在作物叶面积最大的时段，对观测品种以坐标纸法或用求积仪测定其面积，与叶片的长宽积之比，即可求出叶面积校正系数。

（1）在地段有代表性的地方连续取10株，取其展开的绿色完整叶片 n（n 为30—40）片，禾本科作物（水稻、小麦、玉米）每株上、中、下各采1片叶；棉花、大豆每株采大、中、小叶各1片（大豆取复叶）；油菜叶片复杂，按各种类型的叶片多少选取。

（2）用直尺沿叶片主脉量取每片叶的长度（L_i）和叶片最宽处的宽度（D_i），求出各叶片乘积。

（3）将叶片平展于坐标纸上，准确描下其图形，若叶片由于失水而卷曲，可浸入清水中待展开后擦干水描绘。读出图形中的叶面积（S_i）。或用求积仪求出叶面积。为保证读数准确，必须经过校准。

（4）计算叶面积校正系数（K）

$$K=\frac{1}{n}\sum_{i=1}^{n}\frac{S_i}{L_i\times D_i} \tag{2-1}$$

n 为叶片数。

（5）量取叶片长宽，以cm为单位，计算长宽乘积、读出图形叶面积，以 cm^2 为单位，均取一位小数。K 值计算结果取二位小数。

3. 测定叶面积。

（1）测量叶片长宽：量取样本植株每片完全展开叶的完整的绿色叶片的长度（L_i）和最大宽度（D_i）（方法同计算叶面积校正系数）。

（2）单株（茎）叶面积（cm^2）：单株（茎）上各叶片长宽乘积之和与校正系数之积，以（S_1）表示。

$$S_1=\sum_{i=1}^{n}L_i\times D_i\times k \tag{2-2}$$

（3）1平方米叶面积（cm^2）：单株（茎）叶面积（S_1）与1 m^2 株（茎）数（m）之积（S_2）。

$$S_2=S_1\times m$$

（4）叶面积指数（LAI）：单位土地面积（S）上的绿色叶面积与土地面积相比的倍数。

$$LAI=\frac{S_2}{S} \tag{2-3}$$

S：$10000cm^2$。

（5）单株（茎）叶面积、$1m^2$ 叶面积、叶面积指数均取一位小数。

（6）叶面积仪测定法。

目前测定叶面积的仪器型号较多，分采取叶片测量和田间活体测量，以扫描式活体叶面积测量仪精度较高，使用方便。具体使用方法见仪器说明书。

4. 干物质重量测定。

作物植株经过干燥后对其重量的测定。作物干物质是光合作用的产物，其重量是作物生长状况的基本特征之一，可用于分析干物质的积累和分配与气象条件的关系，鉴定农业技术措施效应，掌握一定条件下作物产量形成的过程及其特点，研究其适应性，还可用于计算其他生长特征量，评定其光能利用率等。

（1）干物质重量测定方法。

①稻、麦、玉米、大豆、油菜按叶片、叶鞘（叶柄）、茎（分枝）、果实（穗、荚果）各器官进行分类，未抽出的孕穗应作为穗剥出统计；棉花按叶片、叶柄、茎（分枝）、铃进行分类。分别放入挂上标签经过称重的布袋内称取鲜重。器官体积过大，可切碎分开装袋，不宜装得过满。

②每个样本布袋标签上记明品种名称、器官、袋重。如一个器官有几个袋应加以注明。

③样本烘干、称重：将样本袋放入恒温干燥箱内加温，第 1 小时温度控制在 100~105℃杀青，以后维持在 70~80℃，6~12 小时后进行第一次称重，以后每小时称重一次，当样本前后两次重量差≤ 5 ‰时，该样本不再烘烤。烘烤温度和时间根据样本大小、老嫩程度等掌握。开始时 0.5~1 小时，以后 1~2 小时通风翻动一次，尽量排出箱内水分。如样本较多、恒温干燥箱容积小，可称出鲜重后先杀青，然后分批烘干，也可用蒸汽杀青后晒 1 至 2 天再烘干。烘干后样本称出连袋干重。样本取出烘箱后，需先放入干燥器中冷却再称重，避免冷却过程中干植株吸水影响重量。

（2）计算。

①样本总重（g）：样本分器官鲜、干总重（除去袋重）其合计为样本总鲜、干重。

②株（茎）重（g）：样本分器官鲜、干总重除样本数，其合计为株（茎）鲜、干重。

③ $1m^2$ 株（茎）重（g）：单株（茎）分器官鲜、干重 × $1m^2$ 株（茎）数，其合计为 $1m^2$ 株（茎）鲜、干重。

④含水率（%）

$$\text{器官或株（茎）含水率} = \frac{\text{株（茎）的鲜重} - \text{干重}}{\text{株（茎）鲜重}} \times 100\%$$

⑤生长率〔克 /（平方米 · 日）〕：1 平方米土地上每日干物质增长量。分器官和总

干重分别计算。

$$生长率=\frac{本次测定1平方米器官或总干重-前一次测定分器官或总干重}{两次测定间隔日数}$$

⑥袋重、鲜、干重采用感量为 0.01g 的天平称量，样本量大可分次称量。样本总重的分器官鲜、干重的称量和合计值均取二位小数。株（茎）重，$1m^2$ 鲜、干重，含水率，生长率计算取一位小数。

5. 稻、麦等谷类作物灌浆速度测定。

谷类作物灌浆速度，是通过测量籽粒形成至成熟期间单位时间籽粒干物质的增长量来确定的。

（1）定穗：开花期在地段 4 个区，选定同日开花、穗大小相仿的 200 个穗（其数量为整个测定期间总取样量的一倍以上），挂牌定穗，注明日期，供灌浆速度测定用。

（2）取样：开花后 10 天开始每 5 日（例如 1、6、11 日）取样一次，直至成熟为止。每次从选定的株茎中取 20 穗（每区 5 穗）。如观测地段面积小，样本数量少，小麦等也可采取半穗法，以穗轴为界。每次取其半穗籽粒。采用半穗法应在备注栏注明。

（3）籽粒烘干称重：取下籽粒后，数其总粒数，然后放入铝盒称其鲜重，在恒温干燥箱内烘烤。烘烤温度、时间同“干物质重量测定方法”。烘干后用称量减去盒重。

（4）计算。

①含水率（%）

$$含水率(\%)=\frac{子粒鲜重-子粒干重}{子粒鲜重}\times100\%$$

②千粒重（g）

$$千粒重=\frac{子粒干重（克）\times1000}{子粒总数}$$

③灌浆速度〔克 /（千粒 · 日）〕

$$灌浆速度=\frac{本次测定的千粒重-前一次测定的千粒重}{两次测定的间隔日数}$$

以上均取二位小数。

④籽粒重用感量为 0.01g 的天平称量，千粒重、灌浆速度称重和平均值均取二位小数。平均值均取二位小数。

五、作物产量结构分析

产量结构分析是对构成产量各因素之间的相互组合进行分析测定。以便综合分析鉴定全生育期中农业气象条件对作物生长发育及产量形成影响的利弊程度。

（一）产量结构分析的一般规定

1. 产量结构分析时间。

观测作物均需进行产量结构分析。在作物成熟后，收获前在观测地段 4 个区取样。先进行数量和长度测定，然后晾晒、脱粒，及时进行重量分析，在一个月内完成。要十分注意样本的保管。

2. 分析项目。

详细内容见表 2–6。

表 2–6　各种作物产量结构分析项目

作物	分析项目
稻类	穗粒数、穗结实粒数、空壳率、秕谷率、千粒重、理论产量、株成穗数、成穗率、茎秆重、籽粒与茎秆比
麦类	小穗数、不孕小穗率、穗粒数、千粒重、理论产量、株成穗数、成穗率、茎秆重、籽粒与茎秆比
玉米	果穗长、果穗粗、秃尖比、株籽粒重、百粒重、理论产量、茎秆重、籽粒与茎秆比
高粱	穗粒重、千粒重、理论产量、茎秆重、籽粒与茎秆比
谷子	空秕率、穗粒重、千粒重、理论产量、茎秆重、籽粒与茎秆比
甘薯	株薯块重、屑薯率、出干率、理论产量、鲜蔓重、薯与蔓比
马铃薯	株薯块重、屑薯率、理论产量、鲜茎重、薯与茎比
棉花	株铃数、僵烂铃率、未成熟铃率、蕾铃脱落率、株籽棉重、霜前花率、纤维长、衣分、籽棉理论产量、棉秆重、籽棉与棉秆比
大豆	株荚数、空秕荚率、株结实粒数、株籽粒重、百粒重、理论产量、茎秆重、籽粒与茎秆比
油菜	株荚果数、株籽粒重、千粒重、理论产量、茎秆重、籽粒与茎秆比
花生	株荚果数、空秕荚率、株荚果重、百粒重、出仁率、荚果理论产量、茎秆重、荚果与茎秆比

（续表）

作物	分析项目
芝麻	株蒴果数、株籽粒重、千粒重、理论产量、茎秆重、籽粒与茎秆比
向日葵	花盘直径、空秕率、株籽粒重、千粒重、理论产量、茎秆重、籽粒与茎秆比
甘蔗	茎长、茎粗、茎鲜重、理论产量、锤度
甜菜	株块根重、理论产量、锤度
烟草	株脚叶重、株腰叶重、株顶叶重、株叶片重、理论产量
苎麻	工艺长度、株纤维重、纤维理论产量、出麻率
黄麻	工艺长度、株纤维重、纤维理论产量、出麻率
红麻	工艺长度、株纤维重、纤维理论产量、出麻率
亚麻	油用：株蒴果数、株籽粒重、千粒重、籽粒理论产量 纤维用：工艺长度、株纤维重、纤维理论产量、出麻率

3. 理论产量和实产。

理论产量为分析计算产量，以 $1m^2$ 产量表示。

地段实产，需在作物成熟后单独收获，或取约 $100m^2$（每区约 $25m^2$，根据株、行距计算实际面积）单收、单晒、称重，计算 $1m^2$ 产量。

县平均产量，从当地统计部门获取。

4. 仪器及用具。

（1）天平：感量 0.1g，载重 1000g 和感量为 0.5~1g，载重 5~10kg 的天平各一台。

（2）收获、脱粒、晾晒、加工所必需的工具。

5. 产量结构分析精度。

（1）样本数量统计取整数，平均值取一位小数。

（2）籽粒称重采用 0.1g 的天平，作物茎秆和甘蔗、薯块重等采用感量为 0.5~1g 的天平，分次称量。样本称重和各项计算、平均值均取二位小数。

（3）长度测量取整数，平均值以 cm 为单位的取一位小数，以 mm 为单位的取整数。

（4）比值取二位小数，百分率取整数。在运算过程中不做小数处理。

（二）水稻产量结构分析

1. 取样。

（1）在 8 个密度测定点上每点连续取 5 穴共 40 穴，沿茎基部剪下取回。

（2）数出样本总茎数，再将有效穗连同穗柄剪下，数其总穗数。按穗的长度，分 3 至 5 组（如整齐度差可多分几组），分别数其数量，从各组中按比例共取 50 个穗，供穗粒数、穗结实粒数、空壳率、秕谷率分析用。各组抽样数的计算方法同“玉米、棉花、油菜”方法一样。根据计算的各组应取样穗数，在各组内随机抽取，但应注意穗部完整。

（3）40 穴其余样本脱粒，将籽粒（含已抽出的 50 穗）、茎秆（含脱粒穗轴）晒干，用于千粒重、茎秆重、籽粒与茎秆比分析。

2. 分析步骤和方法。

（1）穗粒数（粒）、穗结实粒数（粒）、空壳率（%）、秕谷率（%）：数出结实粒数、空壳粒（子房未膨大或膨大呈透明薄膜状而无淀粉者）、秕谷粒（有淀粉但充实程度不到正常籽粒的三分之二）数，三者之和为穗粒数。求出平均穗粒数、穗结实粒数，空壳率、秕谷率。在数粒数时先通过落粒痕迹数出脱落粒数（统计结实粒），再全部脱粒，分别数出空壳粒、秕谷粒和结实粒数。

$$穗粒重=\frac{样本穗粒数之和}{样本穗数}$$

$$穗结实粒数=\frac{结实粒数}{样本穗数}$$

$$空壳率=\frac{空壳粒数}{穗粒数}\times 100\%$$

$$秕谷率=\frac{秕谷粒数}{穗粒数}\times 100\%$$

（2）千粒重（g）：样本籽粒晾晒达到通常的干谷标准后，除去空、秕粒，于其中不加选择地取二组各 1000 粒，分别称重，二组重量相差不大于平均值的 3 %（如平均值为 30g，则两组相差不大于 0.9g）时，平均重即为千粒重。如差值超过 3 %，再取 1000 粒称重，用最为接近的两组重量平均作为千粒重。

（3）理论产量（g/m^2）

$$理论产量=\frac{穗结实粒数\times千粒重\times1m^2有效茎数}{1000}$$

（4）株成穗数（个）、成穗率（%）：采用乳熟期测定的有效茎数和返青期测定茎数（作为基本苗），求出单株成穗数；有效茎数和拔节期测定的总茎数（作为最高茎数），求算成穗率。

$$株成穗率=\frac{有效茎数}{基本苗数}\times100\%$$

（5）茎秆重（g/m^2）

$$茎秆重=\frac{样本总茎秆重}{样本总茎数}\times1m^2总茎数（乳熟期测定值）$$

（6）籽粒与茎秆比

$$籽粒与茎秆比=\frac{样本总籽粒重}{样本总茎秆干重}$$

（三）麦类产量结构分析

1. 取样。

在8个密度点中，每点连续取50茎，共400茎，从中取50穗供分析小穗数、不孕小穗率、穗粒数。取样方法与“水稻产量结构分析”中的取样方法相同。

2. 分析步骤和方法。

（1）小穗数（个）、不孕小穗率（%）：逐穗数出样本小穗数（含不孕小穗数、不包括退化小穗）、不孕小穗（小穗上有颖无子粒，穗中部，顶部不孕小穗亦需计算在内）数，求出平均小穗数和不孕小穗率。圆锥花序的麦类，如莜麦等不进行此项测定。

$$不孕小穗率=\frac{不孕小穗总数}{总小穗数}\times100\%$$

（2）穗粒数（粒）：先数出样本脱落粒数，然后脱粒，数其总粒数（含脱落粒数），求出平均穗粒数。

（3）理论产量（g/m^2）

$$理论产量=\frac{穗粒重\times千粒重\times1m^2有效茎数}{1000}$$

（4）株成穗数（个）：以乳熟期测定的有效茎数除以三叶期株数求得。

（5）千粒重、成穗率、茎秆重、籽粒与茎秆比：方法与“水稻产量结构分析”中的相同。

（四）玉米产量结构分析

1. 取样。

在每个区连续取 10 株，共 40 株（含双穗和空秆株）。齐地面剪下，带回室内，数出有效株数。将果穗摘下（双穗结在一起），茎秆晒干。

2. 分析步骤和方法。

（1）果穗长（cm）、果穗粗（厘米）和秃尖比：果穗去掉苞叶逐个量出果穗长和果穗粗及秃尖长度（双穗量最大穗），除有效株数求出平均。果穗长、果穗粗测量方法同“玉米产量因素测定”相同；秃尖长度为果穗尖不结实部分的长度，当秃尖不整齐时取中间长度测量。

$$\text{秃尖比}=\frac{\text{秃尖长度之和}}{\text{果穗长度之和}}$$

（2）株籽粒重（g）：样本全部晒干脱粒，称取籽粒重，除有效株数求出平均。

（3）百粒重（g）：将晾晒干的籽粒充分混合后，任意数出二组，每组 100 粒，分别称重。两组数值相差不大于平均值的 3 % 时，平均重即为百粒重。如差值超过 3 %，再取 100 粒称重，用最为接近的两组数值平均作为百粒重。

（4）理论产量（g/m^2）：

$$\text{理论产量}=\text{株籽粒重}\times 1m^2\text{有效株数}$$

（5）茎秆重、籽粒与茎秆比：茎秆重应包括除去籽粒重以外的干物质重，如茎、叶、穗轴等。方法与“水稻产量结构分析”中的相同。

（五）高梁产量结构分析

1. 取样。

每个区连续取 10 株，共 40 株。齐地面剪下取回，数出有效株数。并将穗取下脱粒与茎秆分别晾晒。

2. 分析步骤和方法。

（1）穗粒重（g）：样本籽粒重除有效株数。

（2）千粒重：方法与“水稻产量结构分析”中的相同。

（3）理论产量（g/m^2）：理论产量 = 穗粒重 $\times 1m^2$ 有效株数

（4）茎秆重、籽粒与茎秆比：方法与“水稻产量结构分析”中的相同。

（六）谷子产量结构分析

1. 取样。

分蘖品种取样方法与“麦类产量结构分析”中的取样方法相同；不分蘖品种每个区连续取 15 株，共 60 株。齐地面剪下带回。穗和茎秆分别晾晒，脱粒。

2. 分析步骤和方法。

（1）空秕率（%）：将样本籽粒充分混合，从中称取 20g，数出总粒数和其中空秕粒数。求出空秕率。

$$空秕率=\frac{空秕粒数}{总粒数}\times100\%$$

（2）穗粒重（g）、千粒重（g）：样本籽粒除去空秕粒后称重，除以有效株（茎）数，计算穗粒重。千粒重计算方法与“水稻产量结构分析”中的方法相同。

（3）理论产量（g/m^2）：

$$理论产量=穗粒重\ \times1m^2 有效茎数$$

（4）茎秆重、籽粒与茎秆比：方法与“水稻产量结构分析”中的方法相同。

（七）甘薯、马铃薯产量结构分析

1. 取样。

每个区各连续取 10 株，共 40 株。

2. 分析步骤和方法。

（1）株薯块重（g）、屑薯率（%）：称取样本薯块总重量和其中直径≤ 2cm 的屑薯重。求出平均单株薯块重和屑薯率。

$$株薯块重=\frac{样本薯块总重量}{样本株数}$$

$$屑薯率=\frac{屑薯重}{薯块总重量}\times100\%$$

（2）出干率（%）：甘薯进行此项测定。从正常的薯块中取 2000g，切成薯片。晒干求算出干率。

$$出干率=\frac{晒干薯片重}{2000}\times100\%$$

如遇长期降雨，晒干困难，可采用烘干法（见干物质重量测定方法）计算薯片干重（g），并在备注栏注明。

$$薯片干重=\frac{2000g样本烘干薯片重}{(1-13\%)}$$

13%为国家规定甘薯片标准含水量百分率。

（3）理论产量（g/m^2）：

理论产量 = 株薯块重 ×1 平方米株数

（4）鲜蔓（茎）重（g/m^2）：将 40 株鲜蔓（茎）重求其平均，乘以可收期测定的 $1g/m^2$ 株数。

（5）薯与蔓（茎）比：

$$薯与蔓（茎）比=\frac{样本薯块总重}{样本鲜蔓（茎）总重}$$

（八）棉花产量结构分析

1. 取样。

自棉花吐絮开始，每个区域连续固定 10 株，共 40 株。每两天收花一次直至拔秆。记录每次摘收铃数和其中僵烂铃数。霜前、霜后花分别晾晒统计。

（1）霜前花：严霜出现使棉株受害，棉叶枯落，霜前和霜后 5 天内（≤ 5 天）摘收的棉花。

（2）霜后花：严霜 5 天后摘收的棉花。

（3）僵烂铃：一铃中有一室僵烂即作为僵烂铃统计。 未僵烂部分统计在霜后花每株籽棉重内。

（4）未成熟铃：拔秆后植株上直径≤ 2cm 的幼铃。

（5）总蕾铃数：在拔秆前，将 40 株样本拨回，数出样本植株上结果枝的果节数作为总蕾铃数。

2. 分析步骤和方法。

（1）株铃数（个）：样本总铃数（霜前、霜后收花铃数、僵烂铃和未成熟铃数）除以样本株数。

$$单株铃数=\frac{总铃数}{株数}$$

（2）僵烂铃率（%）：

$$僵烂铃率=\frac{僵烂铃数}{总铃数}\times 100\%$$

（3）未成熟铃率（%）：未成熟铃数除以样本总铃数。

（4）蕾铃脱落率（%）：

$$蕾铃脱落率=\frac{总蕾铃数-总铃数}{总蕾铃数}\times 100\%$$

（5）株籽棉重（g）、霜前花率（%）：称出晾晒干后样本籽棉总重量（霜前花、霜后花和僵烂铃中未僵烂的籽棉），求出平均单株籽棉重和霜前花率。

$$株籽棉重=\frac{籽棉总重量}{株数}$$

$$霜前花率=\frac{霜前花重量}{籽棉总重量}\times 100\%$$

（6）纤维长（mm）：用分梳法在霜前花的籽棉中任取10瓣，在每瓣中任取1粒，共10粒。从籽棉逢线处将纤维左右梳成“蝶状”，平放在黑色物体上，测量多数纤维的长度，求出平均。

（7）衣分（%）：将样本籽棉轧出，称总皮棉重，求出皮棉重占籽棉重的百分率。

$$衣分=\frac{总皮棉重}{总籽棉重}\times 100\%$$

（8）籽棉理论产量（g/m^2）

$$籽棉理论产量=株籽棉重\times 1m^2株数$$

（9）茎秆重（g/m^2）：40株棉秆干重，求其平均，乘以最后一次测定的$1g/m^2$株数。

（10）籽棉与茎秆比：

$$籽棉与茎秆比=\frac{样本籽棉总重}{样本棉秆总重}$$

（九）大豆产量结构分析

1. 取样。

每个区连续取5穴或15株（条播），共20穴或60株。

2. 分析步骤和方法。

（1）株荚数（个）、空秕荚率（%）：数出40株样本的总荚数和空秕荚（荚中无籽粒或荚中籽粒均不足正常籽粒的1/4）数。

$$株荚数=\frac{总荚数}{株数}$$

$$空秕荚率=\frac{空秕荚率总数}{总荚数}\times100\%$$

（2）株结实粒数（粒）、株籽粒重（g）：样本植株脱粒晒干后，数出结实粒数，并称其重量，求出平均。

（3）百粒重、理论产量（g/m^2）：百粒重的计算方法同“玉米产量结构分析”相同。

$$理论产量=株籽粒重\times1m^2株数$$

（4）茎秆重（g/m^2）：20穴或60株样本茎秆干重，除以样本总株数，乘以最后一次测定的$1m^2$株数。

（5）籽粒与茎秆比：

$$籽粒与茎秆比=\frac{样本籽粒重}{样本茎秆重}$$

（十）油菜产量结构分析

1. 取样。

每个区取5穴或10株，共20穴或40株。

2. 分析方法和步骤。

（1）株荚果数（个）：数出样本植株荚果数，求出平均。

（2）株籽粒重、理论产量、茎秆重、籽粒与茎秆比：

方法与“大豆产量结构分析”中的方法相同。

（3）千粒重（g）：方法与“水稻产量结构分析”中的方法相同。

（十一）花生产量结构分析

1. 取样。

每个区连续取10穴，共40穴。

2. 分析步骤和方法。

（1）株荚果数、空秕荚率（%）：数出40穴样本的总株数，并数出总荚果数和其中空秕荚果（ 荚果内无籽粒或籽粒不足正常籽粒的 1/10 ）数。计算株荚果数、空秕荚率方法与“大豆产量结构分析”中的方法相同。

（2）株荚果重（g）：将样本植株的全部结实荚果（总荚果数 – 空秕荚果数），晾晒干后称重，求出平均。

（3）百粒重、出仁率（%）：荚果脱粒，测定百粒重和出仁率。百粒重方法与“玉米产量结构分析”中的方法相同 。

$$出仁率=\frac{果仁重}{荚果重}\times 100\%$$

（4）荚果理论产量（g/m^2）：

$$荚果理论产量 = 株荚果重\ \times 1m^2 株数$$

（5）茎秆重、籽粒与茎秆比：方法与“大豆产量结构分析”中的方法相同。

（十二）芝麻产量结构分析

1. 取样。

每个区连续取 10 株，共 40 株。

2. 分析方法和步骤。

（1）株蒴果数（个）：数出样本蒴果数，求出平均。

（2）千粒重：同“水稻产量结构分析”中的方法相同。

（3）株籽粒重、理论产量、茎秆重、籽粒与茎秆比：

方法与“大豆产量结构分析”中的方法相同。

（十三）向日葵产量结构分析

1. 取样。

方法同“玉米产量结构分析”中的方法相同。

2. 分析方法和步骤。

（1）花盘直径（cm）：逐一量取着生籽粒部分的花盘直径，求出平均。

（2）空秕率（%）：样本全部脱粒，充分混合后从中取 100g 数出总粒数和空秕粒，计算空秕率。方法与“谷子产量结构分析”中的方法相同。

（3）籽粒重（g）：样本脱粒，除去空秕粒，称其重量，除以样本总株数。

（4）千粒重：方法与“水稻产量结构分析”中的方法相同。

（5）理论产量、茎秆重、籽粒与茎秆比：方法与“大豆产量结构分析”中的方法相同。

（十四）甘蔗产量结构分析

1. 取样。

每个区连续选取 10 茎，共 40 茎。按照收获甘蔗规格砍下蔗茎，去梢、去叶、削根随即进行分析。

2. 分析步骤和方法。

（1）茎长（cm）：逐个量取样本茎的长度，求出平均。

（2）茎粗（mm）：测量蔗茎最粗节间中部的最大直径，求出平均。

（3）茎鲜重（g）：称取样本总重量，求出平均。

（4）理论产量（g/m^2）：

$$理论产量 = 单茎鲜重 \times 1m^2 茎数$$

（5）锤度：有设备的台站测定，分别取蔗茎中部测定。

（十五）甜菜产量结构分析

1. 取样。

每个区连续取 10 株，共 40 株，按照切削规格，切除茎叶和根尾，随后进行分析。

2. 分析方法和步骤。

（1）株块根重（g）：称出样本块根重量，求出平均。

（2）理论产量、锤度：方法和规定同“产量结构分析”中的方法相同。

（十六）烟草产量结构分析

1. 取样。

当烟草进入工艺成熟期时，每区连续固定 10 株，共 40 株，单独分批按脚叶、腰叶、顶叶归类采收、烘烤。

2. 分析方法和步骤。

（1）株脚叶、腰叶、顶叶干重和株叶片干重（g）：脚叶、腰叶、顶叶分别称出干重，求出平均，其和为株叶片干重。

（2）理论产量（g/m^2）：

$$理论产量 = 株叶片干重 \times 1m^2 株数$$

（十七）苎麻、黄麻、红麻、纤维用亚麻产量结构分析

1. 取样。

每个区连续取 10 株，共 40 株。按照当地收获麻类处理方法，除去根、枝、叶、花、

果后，称出样本鲜重，进行分析。

2. 分析方法和步骤。

（1）工艺长度（cm）：量出麻茎的长度，求出平均。

（2）株纤维重（g）：将麻株按当地工艺，加工成精麻晾干后称重，求其平均。

（3）纤维理论产量（g/m^2）：$1m^2$ 的株数乘以株纤维重。

（4）出麻率（%）：样本纤维干重占样本鲜重的百分率。

（十八）亚麻产量结构分析

1. 取样。

油用亚麻在种子成熟期取样，纤维用亚麻在工艺成熟期取样，每个区连续取 10 株，共 40 株。

2. 分析步骤和方法。

油用亚麻：

（1）株蒴果数（个）、株籽粒重（克）：逐株蒴果数，脱粒称出籽粒重，求出平均。

（2）千粒重：方法与“水稻产量结构分析”中的方法相同。

（3）籽粒理论产量：方法与“大豆产量结构分析”中的方法相同。

第三章

农业气象条件与农业生产

农作物生长在大自然中，无时无刻不受气象条件的影响，气象条件好的年份，农业生产风调雨顺，丰收年；气象条件差的年份，农业生产歉收。因此农业生产与气象条件是息息相关的。

第一节　光

光是植物光合作用的动力，制造有机质的源泉。光能又称为辐射能、太阳能。太阳表面温度6000多度，中心达2万多度，它是一个火球体，以辐射的方式把巨大的能量放射到地球上，地球上接收的能量是太阳本身放出的二十二亿分之一。太阳辐射特性用光谱、光强、光时表达。

一、光谱与农业生产的关系

太阳辐射出来的波长从大到小或从小到大排列成一个谱，这个谱称电磁波谱（如图3-1），也叫光谱。对农业生产有用的光谱有三个波段：可见光（400~760nm），红外线（大于760nm），紫外线（小于400nm）。可见光、红外线、紫外线统称光合辐射。这三种波长投射到植物上，不是全部用来光合作用，能进行光合作用的辐射波长在380—710nm，称光合有效辐射，在可见光范围内。

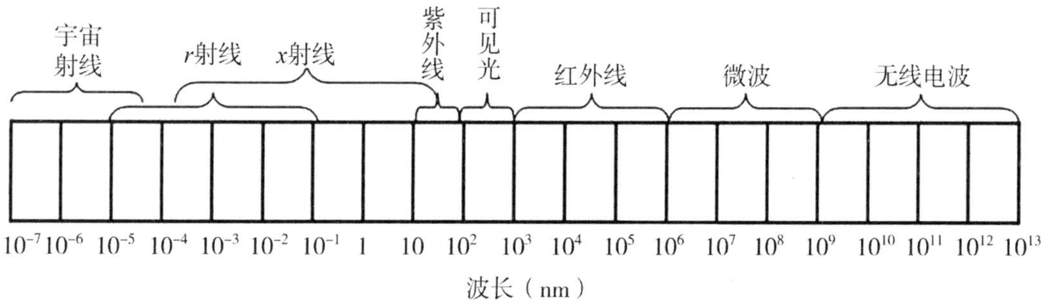

图3-1　电磁波谱

（一）可见光

可见光辐射在610~760nm的红橙光谱区，是叶绿素吸收最强的光谱带。400—510nm的蓝紫光谱区，是一个强的叶绿素吸收带和黄色素吸收带。植物吸收得最多的光是红橙光，其次是蓝紫光。495~595nm 的黄绿光谱区，几乎被绿色植物反射。红光有利于碳水化合物和积累，蓝光有利于蛋白质和非碳水化合物的积累。

（二）红外线

红外线落在地面，地温升高；落在植物体上，植物体温升高。红外辐射主要是增热地面、大气和植物体，为作物生长发育提供必需的热量条件。

（三）紫外线

紫外辐射抑制植物生长，有消毒杀菌作用，促进种子萌发和果实成熟，提高蛋白质和维生素含量，增加果实含糖量，着色好。

（四）光合有效辐射

能被植物吸收用于光合作用、色素合成、光周期现象和其他生理现象的太阳辐射波谱区，称生理辐射（PAR）。在这个波谱区内量子能量使叶绿素分子呈激发状态，并将自身能量消耗在形成有机化合物上，故这段波谱称光合有效辐射。

$$PAR=0.43S'+0.57D \tag{3-1}$$

PAR 为光合有效辐射，S′ 为太阳直接辐射，D 为散射辐射。

太阳以平行光的方式直接投射到地面的光称直接辐射，太阳穿过大气层遇到大气中的水分子、气体分子、灰尘、杂质、气容胶等，会发生振动，光线向四面八方散射开来，称散射辐射，也称漫射。到达地面的太阳总辐射中，虽然直接辐射比散射辐射强，但直接辐射中的光合有效辐射仅占 37%，而散射辐射中光合有效辐射量占 50%~60%，所以散射辐射更容易被植物吸收利用。

二、光强与农业生产的关系

光照强度简称光强，又称“照度”，是一种物理术语，物体单位面积上所接受的光通量，单位为勒克斯（LX）。照度是植物有机体进行光合作用，积累有机物质的速度和效率所需环境条件中最重要的特征量。不同作物对光照强度的反应不同，同一类作物不同生长发育期对光照强度的反应也不一样。

（一）植物生长发育对光的要求

作物开花前称营养生长，作物开花后称生殖生长。相对的弱光有利于营养生长，强光有利于植物繁殖器官的发育。

（二）植物产量对光的要求

当光照强度超过一定的限度时，光照强度即使继续增大，光合效率也不再增加。此时的光照强度叫光饱和点（饱和光强）。植物呼吸作用开始减弱，但光照强度超过光的饱和点时，光照强度再增加，光合作用强度不增加。光照强度过强时，会破坏原生质，引起叶绿素分解，或者使细胞失水过多而使气孔关闭，造成光合作用减弱，甚至停止。光合作用减弱，作物光合作用制造有机物质比呼吸作用消耗的还少，农作物就会停止生长。一般作物在强光下，株高降低、节间缩短、叶色浓绿、叶片小而厚、籽粒饱满、根系发达；弱光下作物节间较长、株高增加、根系发达，当呼吸作用继续减弱，光合作用不再减弱的光照强度称光补偿点（补偿光强）。

植物要求光饱和点要高，光补偿点要低，才能增产。光饱和点高，光合作用强，制造有机物质多；光补偿点低，呼吸作用弱，消耗的有机物质少。吸收得多，呼出的少，所以能增产。

（三）作物品质对光的要求

强光有利于淀粉、蛋白质的形成，有利于糖分的转化。例如，青藏高原的小麦有充足的光照，千粒重比长江中下游重一倍，淀粉、蛋白质高，品质优良。

三、光时与农业生产的关系

光照时间简称光时，以小时为单位。

光照时数 = 日照时数 – 曙暮光

曙暮光可以在天文年历表中查到。日照时数分为可照时数和实照时数。可照时数是理论值，表示一地某月某日地球绕着太阳转，可以照到的时数，但因为天气原因，有时多云，有时下雨，实际照射时数要小于可照时数，实照时数指一天中太阳实际照射的时数，以小时为单位。

（一）植物的光周期现象

光照和黑暗的交替，作为一个周期信息被植物接受，诱导一系列的发育进程，如昼夜长短对植物开花、结实、落叶、休眠以及地下块根、块茎等器官的形成有明显影响，植物对昼夜长短的这些反应统称为光周期。在自然条件下，光周期诱导所要求的光照强度是很弱的，远远低于光合作用所需的光照强度。一般认为在 50~100Lx，有些植物甚至更低，例如水稻在夜间补充光照时，光强只需 8~10Lx，就能明显地刺激光周期反应。说明植物光周期反应对光是极敏感的，所以植物感应的昼长是光照时间。但由于可照时间在不同纬度的地区可以准确地计算出来，所以，讨论光照时间与植物关系时，往往用可照时间代替光照时间。

根据光照长短与开花的关系可将植物分为三类：

1. 长日性植物（或长日照植物）。

在植物某发育期，要求有较长（≥ 13.5 小时）的白昼条件下，才能进入开花结实的植物。如果减少光照时数，只能开花不能结实。长日性植物大多为原产于高纬度的植物，如小麦、大麦、燕麦、亚麻、油菜、白菜、菠菜、甜菜、洋葱、蒜、萝卜、豌豆等。

2. 短日性植物（或短日照植物）。

在植物某发育期，要求有较短（≤ 13.5 小时）的白昼条件下，才能进入开花结实的植物。如果延长光照时数，只开花不结实。短日性植物大多为原产于低纬度的植物，如水稻、大豆、高粱、玉米、谷子、棉花、向日葵、芝麻、烟草、甘薯等。

3. 中间性植物。

这类植物开花不受光照时间长短的影响，在长短不同的任何光照下都能正常开花结实。如向日葵、月季、蒲公英、番茄、黄瓜、辣椒、茄子、四季豆等。这些植物原本属短日性或长日性植物，在长期的人工选育和引种驯化等过程中，使它们逐渐对日照时间的长短反应不敏感。

4. 光照时间与植物引种。

由于不同纬度与季节的光照时间不同，原产于不同地区的植物与品种具有不同的光周期性与感光性。所以在不同地区间引种，要注意引入植物品种对光照长度的要求是否与当地生长期的光照长度相适应。因此，植物引种时应注意以下几方面问题。

（1）纬度相近的地区，因光照时间相近，引种成功的可能性大。

（2）对短日性植物而言，北方品种引种到南方时，开花期会提前，南方品种北引时，开花期将延迟，因为短日照植物一般在秋季开花，秋季是日长逐渐变短的季节，而且南方地区日长变短得早，比北方较早地达到了植物的临界日长，所以在南方种植时开花会提前，在北方种植时开花会延迟。

南种北引时，开花过于推迟，严重的甚至不能抽穗开花结实，将影响产量，所以宜引用较早熟的品种或感光性弱的品种；北种南引时开花过于提前，将过多地影响营养体的生长，降低植物产量，因此宜选用晚熟品种或感光性较弱的品种。如 20 世纪 50 年代，湘、鄂两省从东北引人“青森5号”粳稻，因发育速度过快，抽穗开花过早，生育期明显缩短，因植株矮小而减产惨重。

（3）对长日性植物而言，北方品种南引时，开花期会推迟，南方品种北引时，开花期将提前。因为长日照植物在春季开花，春季是日长逐渐变长的季节，而且南方地区日长变长得慢，比北方较晚达到植物的临界日长，所以在南方种植时开花会推迟，在北方种植时开花会提前。

从实际情况看，长日性植物的引种比短日性植物遇到的困难少。因为如不考虑地势影响，我国一般南方比北方温度高，长日性植物由北向南引，温度高使之加快发育，光照短使之延迟发育，光、温对发育速度的影响有“互相抵偿”的作用，南种北引类似。反之，短日性植物的南北引种，光、温对发育速度的影响有“互相叠加”的作用，因而增加了南北引种的困难。

（二）光能利用率与提高途径

1. 光能利用率。

单位面积上作物收获物中所储存的能量与同期投射到该单位面积上太阳辐射能（或生理辐射）的百分比称为太阳能利用率。即：

$$P=\frac{hm}{\sum(S+D)}\times 100\% \tag{3-2}$$

h为每克干物质燃烧所产生的热量，也称折能系数，一般采用17.79MJ·kg^{-1}，m为测定期间单位土地面积上干物质的重量（可以是包括根、茎、叶、花、果、实在内的生物学产量，也可以是只具有经济价值的果实、籽粒、块根、块茎等经济学产量）；$\sum(S+D)$是同期的总辐射或光合有效辐射总量，严格来讲，用前者计算的应称太阳能利用率，用后者计算的才叫光能利用率。

2. 提高光能利用率的途径。

提高光能利用率可以通过改善栽培措施和培育新品种来实现。常用的途径如下：

（1）充分利用生长季。采取间作套种和轮作制度，合理安排茬口，改善农田群体结构，使田间植物保持有旺盛的群体，提高群体的光能利用率。

（2）选育高光效的作物品种。通过生物和遗传工程等先进手段，选育光合作用强、呼吸消耗低、叶面积适当、株型和叶型合理的品种。

（3）采取合理的栽培技术措施。在不倒伏和不妨碍通风透光的前提下，扩大群体的叶面积指数，并维持较长的功能期，使之有利于植物光合产物的积累和运输。

（4）提高叶片的光合效率。如抑制光呼吸作用，补施 CO_2 肥料，人工调节光照时间等，均可增加光合能力，提高光合效率。温室和塑料棚内采用 CO_2 气体施肥，能明显地提高光能利用率和植物产量。

（5）加强田间管理。改善植物群体的生态环境包括水肥管理、及时除草、及时消灭病虫害、有效防御各种农业气象灾害等具体措施，都可以增加产量，提高光能利用率。

第二节　温　度

地面接受太阳辐射，吸收或放出能量，使地面温度升高或降低，同时又通过各种方式将热能传给大气和土壤。土温和气温直接影响着植物的生长、发育、种植制度及病虫害发生等。土温、气温、水温和植物体温称环境温度。本节主要介绍土温与气温。

一、土壤温度

由于太阳辐射有周期性的日变化和年变化规律，土壤温度也具有周期性的日变化和年变化规律。

（一）土壤温度的日变化

土壤温度在一昼夜间随时间的连续变化，称为土壤温度的日变化。一日中土壤温度有一个最高值和一个最低值。一般土壤最高温度出现在 13 时；最低温度出现在日出前。一天中的最高温度与最低温度差值称日温差或日较差。

（二）土壤温度的年变化

在北半球中高纬度地区，土壤温度的年变化与日变化相似，土表最热月不出现在夏至日所在的 6 月，而在夏至后的 7 月或 8 月；最冷月也不在冬至日所在的 12 月，而出现在 1 月或 2 月。一年中的最热月温度与最冷月温度差值称年温差或年较差。

（三）土壤温度的垂直变化

一日中土壤温度的垂直分布可归纳为四种类型（图 3–2）。

1. 日射型（受热型）。

白天，地面获得大量辐射能后，地面温度急剧上升，这时温度铅直分布的特点为地面温度最高，随深度增加温度而降低，而且愈近地面变化愈大。以13时为代表。

2. 辐射型（放热型）。

夜间，地面由于辐射冷却而降温，地面温度最低，其温度垂直分布与日射型相反，即随着深度增加温度也增加。以01时为代表。

3. 清早过渡型。

清早，由辐射型向日射型过渡。日出以后，地面辐射差额很快由负值变为正值，地表温度也开始上升，于是土壤上层的温度分布迅速地转变为日射型，但在下层仍然保持辐射型，此时最低温度出现在土层约5cm处，以09时为代表。

4. 傍晚过渡型。

傍晚，由日射型向辐射型过渡。傍晚地面因辐射冷却而温度下降，土壤上层开始出现辐射型，但在下层仍然保持日射型，此时土壤最高温度出现在约5cm处，以19时为代表。

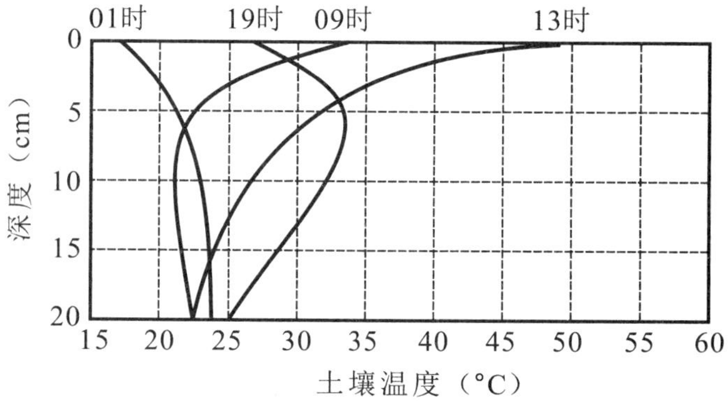

图3-2　土壤温度的垂直分布

土壤日温差约在1m深处消失，称恒温层或不变层。在低纬度地区，一年中地面获得的太阳辐射总量变化不大，土壤年温差消失于5~10m处；中纬度地区消失在15~20m，高纬度地区消失于25m左右。

二、气温

地面（下垫面）是大气的主要热源，地面吸收热量以后，以辐射的方式把热量输送给大气，所以空气温度的变化主要取决于下垫面温度的变化。因此，空气温度也具有日、年变化规律，且这种变化在 50m 以下的近地层里表现得最为显著。

（一）气温日变化

空气温度变化与土温度变化情况类似，一天中有一个最高值和一个最低值，两者之差为气温日较差。空气的最高温度与最低温度出现时间比土表温度落后，通常百叶箱内（离地面 1.5m 高处）最高温度出现在 14：00 左右，最低温度出现在日出前后。由于季节和天气的影响，也可能提前或推后。例如，夏季最高温度多出现在 14：00~15：00；而冬季出现在 13：00~14：00。由于纬度不同，日出的时间也不同，所以最低温度出现的时间随纬度而异。离开地面愈远，即随着高度的增加，气温日温差愈小，最高温度与最低温度出现的时间也愈落后。在 1500m 以上，温度日温差为 1~2℃或更小些。

（二）气温的年变化

中高纬度陆地，一年中最热月和最冷月一般分别出现在 7 月和 1 月；沿海地区最热月在 8 月，最冷月在 2 月。赤道地区一年中有两次受到阳光直射，所以气温年变化表现为两个高值和两个低值的双峰型，最热月出现在春分稍后的 4 月和秋分稍后的 10 月，最冷月出现在夏至后的 7 月和冬至后的 1 月。

一年中最热月和最冷月的月平均气温之差称气温年温差或年较差。气温的年温差受纬度、海陆分布、海拔高度、气候干湿和雨季、植被等影响。年温差随纬度的增高而增大，因为随纬度增高太阳辐射能的年变化增大。我国华南地区气温年温差为 10~20℃，长江流域 20~30℃，东北北部在 40℃以上。

就海陆影响而言，沿海年温差小，越向大陆中心年温差越大，气候越干燥的地区年温差也越大。年温差随海拔高度的增高而变小，一般情况下，海拔每增高 100m，年温差约减小 0.2℃。另外，降水季节对年较温也有影响，雨季出现在冬夏季节的，年温差小，而且最热月和最冷月出现时间也有相应的改变。有森林覆盖的地方，气温年温差比裸地小。

（三）气温的垂直分布

在对流层中（离地 17~18km），大气温度分布通常是随着高度的增高而降低的，这是由于大气主要靠吸收地面辐射增热的结果。所以距离地而越远，温度就越低。温度随高度增高而降低的程度，用气温垂直递减率来表示。气温垂直递减率指高度上升 100m，平均气温下降 0.65℃。

（四）逆温现象

在一定条件下，对流层中可出现气温随高度增高而升高的现象，称作逆温现象。出现逆温的气层称作逆温层。当出现逆温时，冷而重的空气在下，暖而轻的空气在上，不易形成对流运动，使气层处于稳定状态，阻碍了空气垂直运动向上发展，因而在逆温层下部常聚集大量的烟尘、水汽凝结物等，使能见度变坏。

逆温现象在农业生产上有很多方面的应用。例如，在有霜冻的夜晚，往往有逆温层存在，此时燃烧柴草、烟雾剂等，形成的烟雾会被逆温层阻挡而弥漫在贴地气层，增加大气逆辐射，防霜冻效果好。在清晨逆温较强时以喷雾方式防治病虫害或叶面施肥，可使药剂停留在贴地气层，并向水平方向及下方扩展，均匀地洒落在植株上，效果更好。在寒冷季节晾晒一些农副产品时，为避免地面温度过低受冻，可将晾晒的东西置于一定高度之上，一般 2m 高度处的气温比地面可高出 3~5℃。在果树栽培中，也可利用逆温现象进行高接，使嫁接部位恰好处于气温较高的范围之内，避开了低温层，使果树在冻害严重的年份能够安全越冬。由于逆温现象，在山坡的一定高度范围种植要比在谷地种植更加安全。

三、温度与农业生产

温度是主导因子。植物的一切生理生化作用都必须在一定的温度下进行。土温的高低直接影响植物对水分和矿质营养的吸收。气温主要影响植物的生长发育和蒸腾作用。此外，温度还影响病虫害的发生、发展等。

（一）三基点温度

任何一种植物的生长发育都有三基点温度，即最高温度、最低温度和最适温度。20~30℃是大多数植物生长发育最快的温度，称最适温度；5~40℃是适宜温度，能生长发育，但不是最快；-10~50℃是维持植物生命活动温度；在下限温度以下和上限温度以上，植物生长，发育停止，但仍能维持生命。如果温度继续升高或降低，植物就受到不同程度的危害，当达到生命的最低和最高温度时，植物开始死亡。

植物的三基点温度，因植物的种类、品种器官、发育时期以及其他环境条件（如光照、水分等）的差异而不同。几种植物的三基点温度如表 3-1 所示。

表 3-1 几种植物的三基点温度（℃）

植物种类	最低温度	最适温度	最高温度
小麦	3~4.5	20~22	30~32
玉米	8~10	30~32	40~44
水稻	10~12	30~32	36~38
苹果	5	13~25	40
番茄	8~12	25~30	35~38
向日葵	5~10	31~37	37~44

（二）界限温度

对某些重要物候现象或农事活动的开始、终止或转折有普遍指示意义的温度，叫作农业界限温度，简称界限温度。农业上常用的界限温度有（按日平均温度）：0℃、5℃、10℃、15℃、20℃。

0℃表示土壤冻结与解冻，常把0℃以上的持续时期称为农耕期，小麦等耐寒作物在0℃以上即可萌动和缓慢生长。用一年中日平均气温稳定大于0℃的天数来衡量农事季节的长短，以一年中大于0℃的积温反映该地区农耕期中的热量资源。

5℃表示作物和多数果树停止或恢复生长。在5℃以下，副热带和温带作物处于越冬期；高于5℃则表示农作物和果树开始生长。因而把稳定通过5℃的持续时间称为作物生长期。

10℃表示从春季温度稳定升至10℃以上到秋末冬初稳定降到10℃之间的时段，是喜温的秋熟作物播种与生长期，也是喜凉的夏熟作物的积极生长期。它的初终日期及其持续时间，常作为鉴定该地区作物生育条件优劣的温度指标，故也将该时期称为生长活跃期。

15℃是喜温作物的活跃生长温度，也是早稻分蘖的起始温度。秋季日平均温度降到15℃以下时，水稻停止灌浆，棉花纤维发育停止，热带作物将停止生长。因此，稳定通过15℃的时段为喜温作物的安全生长期。

20℃是粳稻安全齐穗的温度指标，最热月温度＞20℃是能否栽培水稻的温度条件，而秋季该温度出现的迟早又是双季水稻栽培地区收成好坏的关键因素之一。20℃也是热带植物橡胶的正常生长、产胶的界限温度。

各地区常针对当地农事活动或重要物候现象，确定某些补充的界限温度。如3℃代表小麦返青，12℃代表杂交水稻和棉花播种等。

（三）积温

当植物生育所需的其他因子基本满足时，在一定温度范围内，植物生长发育速率与温度成正相关。当适宜温度范围内的时间累积到一定量时，植物才能完成某生育阶段或生育周期。将某一段时间内的逐日平均气温对时间的积分称为积温，其单位为度·日（℃·d）。积温在作物栽培，病虫害测报及农业气象工作中已广泛应用。

（1）活动积温（Y）。

高于生物学下限温度（B）的日平均温度（t_i）称为活动温度。某一生育期或全生育期内活动温度的总和称活动积温。即

$$Y=\sum_{i=1}^{n}t_i \quad (t_i>B) \tag{3-3}$$

式中 t_i 为第 i 日的日平均温度，n 为某生育期天数。

（2）有效积温（A）。

活动温度与生物学下限温度（B）之差称有效温度。某一生育期或全生育期内有效温度的总和称有效积温。即

$$A=\sum_{i=1}^{n}(t_i-B) \quad (t_i>B) \tag{3-4}$$

（3）负积温。

负积温是指植物某个生育期日平均温度低于生物学下限温度的累积。多数指冬季一段时间内低于0℃的日平均温度的总和。

上述积温中，以活动积温和有效积温应用较多。两种积温相比较，活动积温统计比较方便，常用来估算地区的热量资源；有效积温在用来表示植物生长发育对热量的需求时稳定性较强，比较确切。

（四）积温的应用

积温在农业生产中应用较为广泛，其用途主要有以下几个方面：

①积温是作物与品种特性的重要指标之一。分析引进或推广地区的温度条件能否满足作物生育所要求的积温，为作物引种服务，以避免引种或推广的盲目性。

②作为物候期预报、收获期预报、病虫害发生时期预报等的重要依据。也可根据杂交育种、制种工作中父母本花期相遇的要求，或根据商品上市、交货期的要求，利用积

温来推算适宜播种期。预报作物发育期公式为：

$$D = D_1 + \frac{A_t}{t - B} \tag{3-5}$$

式中：D 为所要预报的发育期；D_1 为前一发育时期出现的日期；A_t 为由 D_1 到 D 期间作物所要求的有效积温指标；t 为 D_1 和 D 期间的平均气温；B 为该发育时期所要求的下限温度。

③作为农业气候专题分析与区划的重要依据之一。积温是热量资源的主要标志，根据积温多少，可确定某作物在某地种植能否正常成熟，预计能否高产、优质。例如分析积温多少与某地棉花霜前花比例的关系，既涉及产量又涉及品质。此外，还可以根据积温分析，为确定各地种植制度（如复种指数、前后茬作物的搭配等）提供依据；并可用积温作为指标之一进行区划。

④负积温可用来表示作物越冬的温度条件。

四、温度与光合作用

农作物的生长存在着一定的温度范围，大多数农作物能够适应的温度变幅在 15 至 40℃之间。温度低于或高于此上下限，则生长缓慢。温度影响农作物的生理生化过程，如光合作用、呼吸作用、蒸腾作用等。比如对光合作用，温度升高，光合作用增强，但当温度高于光合作用的最适温度时，光合速率明显地表现出随温度升高而下降，这是由于高温引起催化暗反应的有关酶钝化、变性甚至遭到破坏，同时高温还会导致叶绿体结构发生变化和受损；呼吸作用也随温度升高而增强，在极高温度下，在维持短时间强呼吸后，呼吸速率急剧下降。

第三节　水　分

水分是生活因子。有收无收在于水，收多收少在于肥。大气中的水分，来源于地球表面的江河湖海和潮湿土壤、含有水分地物表面的蒸发以及植物蒸腾。悬浮在空气中的水分用湿度表达，落在地面的水分称降水。

水分占农作物体重的70% ~80%，不仅是农作物体的重要组成部分，而且是农作物进行光合作用、呼吸作用以及对土壤中养分的吸收等生理活动所不可缺少的。合理控制水分是农作物正常生长和发育的重要保证，如果水分不足以补偿农作物因蒸腾作用和代谢活动消耗的水量时，嫩枝和叶片就会出现萎蔫现象，影响其正常的生长和发育。反之，如果水分供应过多，不仅会引起植株徒长，还会导致作物根部缺氧，呼吸作用降低、难以吸收养分造成作物枯萎甚至死亡。

一、空气湿度表示方法和变化规律

（一）空气湿度表示方法

1. 绝对湿度（a）。

单位体积空气中所含的水汽质量，称为绝对湿度，又称水汽密度，单位是 $g \cdot m^{-3}$（克 · 米 $^{-3}$）或 $g \cdot cm^{-3}$（克 · 厘米 $^{-3}$）。它是直接表示空气中水汽绝对含量的物理量，空气中水汽含量越多，绝对湿度就越大。在一定温度下，单位体积空气能容纳的最大水汽量，称为饱和水汽密度。绝对湿度不易直接测得，常通过测定水汽压、气温再计算出来。

2. 水汽压（e）。

大气中水汽所产生的分压强称为水汽压，它是大气压强的一部分。它的单位与气压一样，以 hPa（百帕）表示。当 t=16.4℃时，a=e，因一般情况下，在长江中下游一带年平均气温的数值与 16.4℃相差不大，所以在实际工作中，常用水汽压代替绝对湿度。

3. 饱和水汽压（E）。

在一定温度条件下，单位体积的空气所能容纳的水汽数量有一定的限度，如果水汽含量达到该限度，空气呈饱和状态，此时空气中的水汽压称饱和水汽压，单位 hPa（百帕）。饱和水汽压仅表示容纳水汽的能力，温度越高，饱和水汽压越大；温度越低，饱和水汽压越小。夏天，当天空出现很多云时，不下雨，就是因为高温容纳水汽能力大；冬天，天空出现很多云时会下雨，是因为低温容纳水汽能力小，所以容易下雨。

4. 相对湿度（r）。

空气的实际水汽压（e）与同温度下的饱和水汽压（E）的百分比，称相对湿度，其表达式为：

$$r = \frac{e}{E} \times 100\% \quad (3\text{-}6)$$

相对湿度的大小直接反映空气趋饱和的程度。在一定温度条件下，即饱和水汽压 E 不变时，水汽压 e 越大，空气越接近饱和。当 $e=E$ 时，$r=100\%$，空气呈饱和状态；当 $e<E$ 时，$r<100\%$，称未饱和状态；当 $e>E$ 时，$r>100\%$，称过饱和状态。当空气中水汽含量不变（e 一定）时，相对湿度随气温的升高而降低，反之升高。

5. 饱和差（d）。

某一温度下的饱和水汽压与实际水汽压之差，称饱和差，单位以 hPa 表示，即

$$d=E-e \quad (3\text{-}7)$$

饱和差的大小表示空气中的水汽距离饱和的绝对数值。d 随温度的升高而增大，随温度的降低而减小。在一定温度下，d 值越小，空气越接近饱和，即空气愈潮湿；当 $d=0$ 时，空气达到饱和。

6. 露点温度（T_d）

当空气中水汽含量不变且气压一定时，通过降低温度，未饱和空气达饱和时所具有的温度称露点温度，简称露点。其单位与气温单位相同。当气压一定时，露点的高低只与空气中水汽含量有关，即水汽含量愈多，其露点愈高；反之，愈低。例如，当气温高于露点时（$T>T_d$），空气处于未饱和状态，且两者差异愈大，空气愈干燥；当气温等于露点时（$T=T_d$），空气达饱和状态；当气温低于露点时（$T<T_d$），表示空气处于过饱和状态，将有多余的水汽凝结。

空气温度降低到露点温度及其以下，是导致水汽凝结的重要条件之一。

（二）空气湿度的变化

绝对湿度、水汽压和露点温度直接表示空气中的水汽含量，变化规律同气温变化规律一致，一天中有一个最高值，一个最低值。温度最高时蒸发量最大，水汽压也最大；温度最低时蒸发量最小，水汽压也最小。

饱和水汽压、相对湿度和饱和差间接表示空气中的水汽含量，变化规律同气温变化规律相反。温度高时，饱和水汽压、相对湿度和饱和差小；温度低时，饱和水汽压、相对湿度和饱和差大。

二、降水

地面从大气中获得的液态和固态的水分，总称为降水。它包括两部分：一是大气中水汽直接在地面或地物表面上以及低空产生的凝结物，如霜、露、雾等，称为水平降水；另一部分是指由空中降落到地面的液态或固态水，如雨、雪、霰、雹等，称为垂直降水。

国家气象局《地面气象观测规范》中规定，降水量仅指的是垂直降水，即从云中降落下来的水分，又称为大气降水，简称降水。

（一）降水的形成

降水来自云中，但有云不一定都能产生降水。因为构成云体的云滴的体积很小，重量轻，能被空气的浮力和上升气流托住而悬浮于空中，要使云产生降水必须使云滴增大，并使其下降速度大大超过上升气流的速度，而且在下降的过程中不因蒸发而将水滴耗尽，这样才能使水滴或冰晶从云中降落到地面成为降水。

（二）降水的表示方法

1. 降水量。

从云中降落的液态或固态水，未经蒸发、渗透和流失，在水平面上所积聚的水层深度称为降水量。降水量的单位为 mm，雪、霰、雹等固体降水量为其溶化后的水层厚度。

2. 降水强度。

单位时间内的降水量，称为降水强度，是表示降水量大小程度的物理量。单位是 mm/d 或 mm/h。按降水强度的大小，可将降水分为小雨（0.0~10.0mm/d）、中雨（10.1~25.0mm/d）、大雨（25.1.0~50.0mm/d）、暴雨（50.1~100.0mm/d）、大暴雨（100.1~200mm/d）、特大暴雨（>200mm/d）。

3. 降水的种类。

（1）按降水的形态分类：

①雨。雨是指从云中降落到地面的液态水。

②雪。雪是从云中降到地面的各种类型冰晶的集合物。当云层温度很低时，云中有冰晶和过冷却水同时存在，水汽从水滴表面向冰晶表面移动，在冰晶的角上凝华，形成各种类型的六角形雪花。低层气温较低时，雪花降到地面仍保持其形态；如果云的下面气温高于 0℃时，则可能出现雨夹雪或湿雪。

③霰。白色不透明而疏松的小冰球，其直径 1~5mm 时称为霰。它形成在冰晶、雪花、过冷却水并存的云中，是由下降的雪花与云中冰晶、过冷却水碰撞，迅速冻结而形成的。由于雪花中夹着的空气来不及排出，所以霰看起来呈乳白色，不透明而疏松。

④冰雹。冰雹是从云中降落的冰球或冰块，其直径为 5mm 到 50mm，个别情况可以更大。一般的雹多为透明与不透明冰层相间组成，雹心由霰组成。降雹持续时间短，范围窄（一般为 10~20km），并伴有大雨狂风，破坏力极强，常给农林业生产造成严重损失。

（2）按降水的性质分类：

①连续性降水。强度变化小，持续时间长，降水范围大，多降自雨层云和高层云中，经常与锋面有关。

②间歇性降水。时大时小，时降时止，即断断续续的降水，也多降自雨层云和高层云中。

③阵性降水。持续时间短，范围小，强度大（有时可达 200~300mm/h）。

④毛毛状降水。雨滴极小，似牛毛针尖、降水量和降水强度很小，但持续时间较长，多降自层云或层积云中。

三、水分在农业中的应用

在植物体的组成中，水是含量最多的成分。通常植物的含水量达 60%~80%，有些植物含水量高达 90% 以上。植物的细胞和组织含有水分后，具有膨压，使植物挺拔，叶片舒展，有利于叶片接受阳光和通过气孔与外界环境进行气体交换。植物通过自身的根部吸水和叶片蒸腾失水组成了一套完整的运输传递系统，使溶解于水的各种矿物质营养输送到植物体的各个部分。植物通过蒸腾降低体温，以维持正常的生命活动。由此可见，水在植物的生命活动中，具有十分重要的意义。

1. 湿度对农作物的影响。

在光温等条件满足的情况下，水分便是农业发展和产量水平的限制因子。作物对水分的要求，可分为地上部分的空气湿度和地下部分的土壤水分。

空气湿度是作物地上部分要求的水分因子。空气湿度的大小是影响作物蒸腾和作物吸水的重要因子之一。空气湿度小时，作物蒸腾较旺盛，吸水较多，当土壤水分充足时，蒸腾旺盛可增加作物对水分和养分的吸收从而加快生长，但空气湿度太小，可能引起空气干旱，破坏作物的水分平衡，阻碍生长，造成减产。空气湿度过高，可使作物茎秆脆弱，容易倒伏，也影响开花授粉，延迟成熟和收获，降低产品质量。此外，还常因空气潮湿引起作物病虫害的发生发展。一般而言，适宜作物、林木生长的空气相对湿度为 75%~80%。

空气湿度过大或过小对作物都不利。可以通过营造防护林，实行灌水，适当增加种植密度等，增加空气湿度，减轻或避免空气干旱，而实行稀植，整枝打叶，推株并垄等，使田间通风透光，则可以降低作物株间的空气湿度。

2. 降水对农作物的影响。

（1）作物的水分临界期和关键期。作物在不同的生长发育阶段，对水分的敏感程度也不同。作物对水分供应要求最敏感的时期称作物水分临界期。在这一时期中，水分不足或过多，对产量的影响最大。但水分临界期不一定是作物需水量最多的时期。临界期具体出现的时段，由生物学特性所决定（表 3-2）。

表 3-2　几种主要作物的水分临界期

作物	临界期	作物	临界期
冬小麦	孕穗到抽穗	大豆、花生	开花
春小麦	孕穗到抽穗	向日葵	花盘形成到开花
水稻	孕穗到开花（花粉母细胞形成）	高粱、谷子	孕穗到灌浆
玉米	“大喇叭口”期到乳熟	棉花	开花到成铃
马铃薯	开花到块茎形成	西红柿	结实到果实成熟
甜菜	抽薹到花始期	瓜类	开花到成熟

从表 3-2 中可以看出，作物的需水临界期基本上是孕穗到抽穗开花这段时期。因为这段时期，作物有机体的生长发育是最旺盛的，需水很多，加上新的生殖器官处于幼嫩阶段，对外界不良环境的抵抗能力很差。所以，如遇干旱，必然造成明显减产。作物需

水临界期越长，遇到不良气候的机会就越多，越需要采取防御措施。

当作物在需水临界期发生干旱时，及时灌溉，增产效果十分明显。一般地说，可根据土壤水分状况和作物的形态特征来考虑干旱的程度。在形态特征方面，可根据植株的生长速度、叶片的颜色、卷曲程度、萎蔫的早晚和恢复的快慢等方面来判断缺水的程度，以决定灌溉期和灌水量。

有时出现这样的情况，即在作物的水分临界期时，该地降水量适宜，作物生长发育良好，所以该时期并不是影响作物产量的关键时期。可是在另一时期，作物对水分的需要也敏感，但该时恰逢当地降水经常出现不适宜情况（过多或过少）。对该地来讲，这一时期的水分供应适宜与否对产量的影响至关重要，因此该时期被称为作物对水分要求的农业气候临界期或关键期。关键期是综合考虑了作物本身的生物学特性和当地气候条件而形成的概念，所以某作物的水分关键期与临界期可能一致，也可能不一致。如农作物发芽出苗的需水量很少，但北方旱地经常因春旱延误播种甚至绝收。

需要指出，临界期或关键期是一个相对的概念，不能因临界期的水分供应最重要就忽视其他时期的水分供应问题。应弄清楚作物不同时期的需水规律，同时弄清本地降水与土壤水分随季节变化的状况，并将苗情与水分逐段对应分析，以鉴定作物的水分供应状况，提出相应的农业措施。

（2）提高水分利用率途径。我国是一个水资源较为贫乏的国家，干旱、半干旱、季节性干旱地域辽阔，降水分布不均且变率大，对作物的需水保证率低，因此，节约用水，提高水分的有效利用率十分重要。

提高水分的有效利用率，在农业生产上常采用灌溉、种植方式、风障、覆盖、作物种类选择等措施。

①灌溉。灌溉的时期与方式对水分有效利用率的影响很大，在水分临界期灌溉比其他时期灌溉收效更好。如果缺水尚不严重，当然在作物发育的各个时期都能得到很好地灌溉，是提高粮食产量的最好办法。但如果缺水严重，则不得不考虑灌溉的时期。因此，提倡在缺水的地区，能尽量多地蓄水，然后把水分利用到作物最需水的时期，以保证一定的粮食产量。

灌溉方式对水分的有效利用也有很大影响。常见的灌溉方式有畦灌、沟灌、淹灌（漫灌）、喷灌、管灌和滴灌等。实践指出：玉米每天少量喷灌与定期地面沟灌比较，前者多耗水一倍，而产量反而较低。显然，每天少量喷灌比定期地面沟灌水分有效利用率低。大量水分在空中和叶面就直接蒸发了。当干热风来临时，每天进行少量的喷灌，对调节空气湿度，抗干热风有良好效果。喷灌用于起伏不平的坡地可减少水分的径流损失且相对均匀。所以研究灌溉与水分有效利用率的关系，必须因地制宜并注意气候背景。目前我国北方推广面积较大的节水灌溉方式是管灌和滴灌。大水漫灌由于浪费较大，除盐碱地需要大水压碱外其他都不宜采用。

②种植方式。种植方式是指种植密度、行距、行向和沟垄等。研究指出，土壤水分充足时，适当密植与缩小行距对水分的有效利用率较高；土壤水分有限时，适当稀植与宽行距对水分的有效利用率高。

至于行向，研究指出，在产量相同的情况下，东西向失水比南北向多。这是因为东西向收入的净辐射较多，导致更多的水分丧失，并且还有较多的辐射照到了行间地面，加快了土壤蒸发。可见，研究行向时，不能只看辐射的收入与分布，还必须重视水分利用率问题。

土壤水分不足时在沟内播种容易保苗，土壤较湿时起垄播种效果较好。

③风障和覆盖。在一般情况下，风障不改变作物的水分有效利用率，当大风时，风障可减少乱流交换，从而明显减少风障内的水分消耗，提高水分的有效利用率。

用地膜、麦草等覆盖可有效地减少土壤蒸发，保持一定的土壤湿度，这是目前缺水地区有效利用土壤水分的一项普遍措施。

④作物种类的选择。据研究，不论干湿条件，C_3 植物比 C_4 植物的蒸腾率大。高粱（C_4）的水分有效利用率比大豆（C_3）高约 3 倍。同一类中，不同作物的水分利用效率也有很大差异，如 C_4 植物中的谷子水分利用效率要比玉米高，C_3 植物中的小麦耗水也少于水稻。由此可见，针对不同的气候特点而选用适宜的作物种类，可以提高水分的有效利用率。此外，合理施肥、应用抗蒸腾化学剂、搞好农田基本建设等对提高水分有效利用率也非常重要。

第四节　大气与风

一、大气与农业生产

在大气中，对农业生产影响较大的气体成分有二氧化碳、氮、氧、臭氧、水汽等，这里主要介绍二氧化碳（CO_2）。

CO_2 是植物光合作用制造有机物的主要原料。植物在光合作用中吸收 CO_2，又通过呼吸作用释放出 CO_2。地球上，每年参与光合作用的 CO_2 大约有 1100×108 t。科学家很早就发现光合作用在低光强下受光的限制，而在高光强下却受 CO_2 的限制。如果田间 CO_2 浓度过低时将对作物的光合作用产生不利影响。在光合作用旺盛时，农田植被群体中常出现 CO_2 不足的问题。农田中 CO_2 的来源主要是大气和土壤。作物光合作用所需的 CO_2 主要靠大气供给。温室由于相对封闭，CO_2 经常出现不足，人工补充 CO_2 的增产效果显著。

（一）CO_2 浓度变化对农作物的影响

1. CO_2 浓度增高对不同类型植物的影响。光合作用固定 C 元素的途径有 C_3、C_4 和景天科酸代谢型（CAM）。世界上绝大多数为 C_3 植物，热带、温带、寒带森林的树种和草种，除个别外都是 C_3 植物。自然条件下，当大气中 CO_2 浓度加倍，即增加到约 600×10^{-6} 时，C_3 植物的同化率将增加 30%~50%。

C_4 植物的 CO_2 补偿点低，利用 CO_2 比 C_3 植物也更完全。C_4 植物可从 CO_2 浓度很低的大气中有效地吸收，所以在有限的 CO_2 浓度下，C_4 植物具有优越性，但在高的 CO_2 浓度下，最多能略增加一点 CO_2 吸收率。在作物中，玉米、高粱、谷子、甘蔗和苋菜属 C_4 植物。

增加 CO_2 浓度，C_3 类植物无论在弱光还是强光下，光合作用均能得到促进，因此森林底层受荫蔽的植物和群体过密的植物都能增加产量。

2. CO_2 浓度增高对光合率与生产力的影响。增加 CO_2 浓度，从长期来看可以延迟叶片衰老，使叶片有较长的时间维持活跃的光合作用，这对增产是有利的。多数温室实验表明，增加 CO_2 能使叶增产 42%，果实增产 23%，种子增产 49%，块茎增加最高，为

64%。但实验没说明 CO_2 浓度值是多少，故只能说是高 CO_2 浓度增产效应的一般性概括。增加大气中 CO_2 浓度后不同作物的增产效果见表 3-3。

表 3-3　增加 CO_2 浓度对不同作物的增产效果 [mg（CH_2O）n/（$dm^2 \cdot h$）]

作物	CO_2 浓度正常	CO_2 浓度提高
玉米，高粱，甘蔗	60~75	100
水稻	40~75	135
棉花	40~50	100
小麦，大麦，燕麦	30~35	66
大豆，甜菜，	30~40	56
黄瓜，西红柿	20~35	50
葡萄，柑橘	10~20	40

3. CO_2 浓度增高对植物水分利用率的影响。植物每获得 1 个分子的 CO_2，叶片将通过同一扩散途径，失去几百个分子的水，光合作用吸收 CO_2 同蒸腾失去水分的比值称为光合水分利用率。

倍增 CO_2 浓度可减少小麦蒸腾约 80%，玉米、高粱约 68%，对 14 种作物的 398 次观测表明，平均减少蒸腾 36%。一方面减少用水，另一方面增加光合率，结果使水分利用率相应提高。由表 3-4 可见，在 CO_2 浓度增加时，C_3 植物的光合率增加 50%，光合水分利用率比正常空气下增加 1 倍多。对 C_4 植物来说，虽然对光合的促进小得多，但光合水分利用率也增加了 1 倍。

表 3-4　增加 CO_2 浓度后叶片光合率和光合水利用率的变化

植物	CO_2 浓度 (1×10^{-6})	光合率 [μmol/（m^2·s）]	光合水分利用率 $\frac{mmol\ CO_2}{mmol\ H_2O}$
夹竹桃（C_3）	660	35.9	2.7
	330	24.2	1.4
陆地棉（C_3）	640	51.1	6.4
	330	34.2	3.4
玉米（C_4）	640	65.3	12.5
	330	53.0	6.7

（二）CO_2 增加后对农业计划与措施的调整

1. 作物类型的调整。

根据专家研究，增加大气中 CO_2 浓度，块茎是受益最大的，其次是籽粒。因此，作物类型将要做相应改变。增加 CO_2 浓度，C_4 植物受益较少，所以 C_4 植物如玉米、高粱、甘蔗等的地位将可能相应下降。

2. 作物育种的考虑。

培育抗倒伏、分蘖不过多的作物和品种，因为增加 CO_2 后作物的生物量将增加，易发生倒伏现象。

3. 耕作措施的考虑。

（1）旱地作物因增加 CO_2 而促进了早期生长，将更早耗尽土壤水分，故在耕作措施上要相应调整。

（2）由于 CO_2 充分，水分利用率高，作物的种植密度可相应提高。

（3）增加 CO_2 后作物对肥料的要求更高，必须增加肥料的供应。

4. 作物的分布区域。

CO_2浓度的增加，使水分利用率提高，作物生长所需水量将减少，因此在缺水或缺少灌溉的地区，可以种植一些原来不能种植的作物，并能获得高产。

增加CO_2浓度将增加植物的耐盐性。因为CO_2浓度高可使作物多固定C元素，以增加碳水化合物的供应，从而缓解盐害，使某些植物在中等盐渍地区能比原来长得快些，在原来不能生长的盐渍地能够生存下来。换言之，增加CO_2浓度，可使植物略向多盐的地区扩展。如果某地含盐量逐年增加，则该植物能在该地区多种植几年。

二、风的变化

空气水平运动称为风。风的特性用风向、风速描述。风向指风的来向（见图1-10），风速指单位时间内空气质点产生的位移，用米/秒（m/s）表示。

（一）风的变化

1. 风的日变化。

风有明显的日变化。对低层大气来说，日出以后风速逐渐增大，午后风速达到最大，夜间风速减小，高层大气风的日变化情况与低层大气相反，最大值出现在夜间，最小值出现在白天。

2. 风速的年变化。

风的年变化与气候条件和当地的地理条件有关。在北半球中纬度地区，一般风速的年最大值出现在冬季，最小值出现在夏季。我国大部分地区春季风速最大，因春季是冷暖空气交替的时期。

3. 风速随高度的变化。

在摩擦层（1500m以下）中，因为运动着的空气所受到的摩擦力随高度增加而减小，所以风随高度增加而增大。到摩擦层顶时，由于摩擦力很小，可以忽略不计，风速接近于高空风的风速。在贴地层中，风速随高度增加很快，向上就逐渐减慢。

4. 风的阵性。

近地气层中，由于空气的乱流作用，风具有阵性的特点。风的阵性是指风向变化不定，风速时大时小的现象。地面粗糙不平时，阵性也会增强，随着高度增加，阵性逐渐减弱。

（二）地方性风

1. 海陆风。

沿海地区，风以一天为周期，随日夜交替而转换：白天，风从海上吹向陆地，称为海风；夜间，风从陆地吹向海洋，称为陆风。海陆风是由热力差异引起的。白天，陆面增热比海面要剧烈，产生了从海洋指向陆地的水平气压梯度，因此下层风从海洋吹向陆地，形成海风，上层风则从大陆吹向海洋，形成海陆风；夜间，陆面降温比海面快，形成了从陆地指向海洋的水平气压梯度，下层风从陆地吹向海洋，形成陆风。上层由海洋吹向陆地，形成海风（图 3–3）。

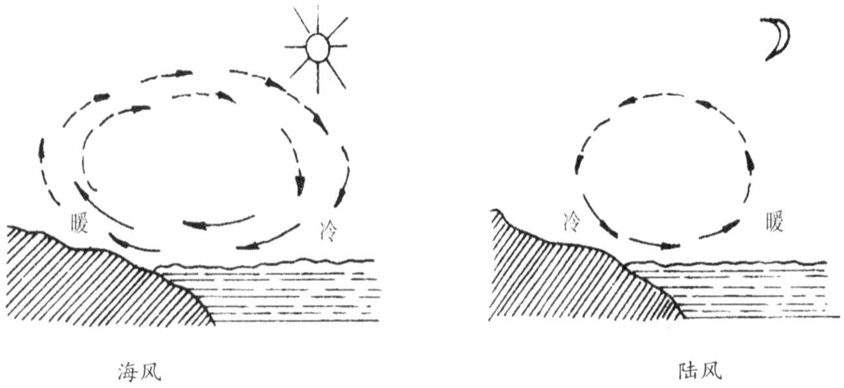

图 3–3 海陆风示意图

在内陆地区，大的湖岸或河岸附近，也有类似海陆风的环流出现，只是强度要小很多。

海风和陆风转换的时间，随地区和天气条件而定，一般陆风在上午转为海风，13 至 15 时海风最强；日落以后海风逐渐减弱，并转为陆风。海风可以调节沿海地区的气候。海风登陆时，常从海上带来大量水汽，使陆上空气湿度增大，有时会形成低云和雾，甚至产生降水，温度也有明显降低。

2. 山谷风。

山地中，风随昼夜交替而转换方向。白天，风从山谷吹向山坡，称谷风；夜间，风从山坡吹向山谷，称山风。山风和谷风合称山谷风。山谷风是由于在接近山坡的空气与同高度谷底上空的空气间，因白天增热与夜间失热程度不同而产生的一种热力环流。

白天，山坡接受太阳辐射而很快增温，紧贴山坡的空气也随之增温，而同高度谷底上空的空气，因远离地面，增温缓慢，温度较低。这种热力差异，产生了由山坡坡面指向山谷上空的水平气压梯度。而在谷底，则产生了由山谷指向山坡的水平气压梯度。所以，白天风从山谷吹向山坡（上层相反，风从山坡吹向山谷上空），形成了谷风。夜间，山坡由于辐射冷却而很快降温，紧贴山坡附近的空气也随之降温，而同高度谷底上空的空气冷却较慢。形成了和白天相反的热力环流，下层风由山坡吹向山谷（上层风由山谷吹向山坡）形成了山风（图 3-4）。

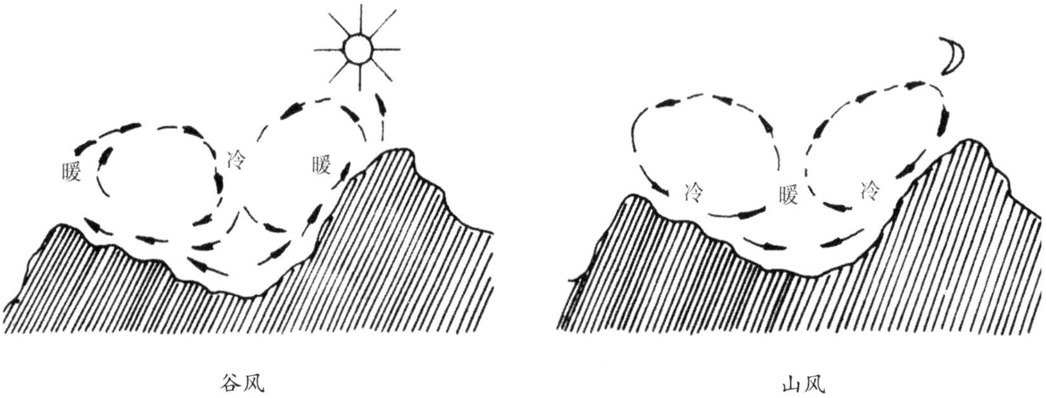

图 3-4　山谷风示意图

一年中，山谷风以夏季最明显；一天中，白天的谷风比夜间的山风强大得多。山谷风的转换，一般由山风转为谷风是在上午 9~10 时，午后达最大。由谷风转为山风则在日落以后开始，在山谷风转换时刻可出现短时间的静风。山风是下沉气流，空气干燥；谷风是上升气流，易形成山坡雾和成云致雨。

晴朗无风或微风的夜晚，山坡贴地气层因辐射冷却强烈，密度大，质量重沿山坡像雨水一样下流，称之冷径流，实际上就是山风。冷径流流入低凹山谷、盆地堆积时，就形成了冷空气湖（简称冷湖）。冷湖深度为山体相对高度的 1/5~1/4。谷地里原温暖空气被抬升到一定高度，在处于逆温层的山坡中、上部，温度较谷地和平地都高，称山坡暖带，山坡暖带高度为山体相对高度的 0.2~0.3 倍，随天气而变化。

3. 峡谷风。

当空气由开阔地区进入狭谷口时，气流的横截面积小，由于空气质量不可能在这里堆积，于是气流就必须加速前进，而形成强风，这种风称为峡谷风或穿堂风。在我国台湾海峡、松辽平原等地，两侧都有山岭、地形像个喇叭管，当空气直灌窄口时，经常出现大风，就是这个原因。

4. 焚风。

气流越过高大山体后绝热下沉，在山的背风坡脚产生的干热风，叫焚风。当未饱和暖湿气流翻越高大山脉而过时，在山的迎风坡被迫抬升，按干绝热直减率降温，每上升100m绝热降温1℃，到一定高度，空气达到饱和，水汽凝结并产生云雨；气流再继续上升，则按湿绝热直减率降温。当气流越过山顶而沿坡下滑时，按干绝热直减率下沉增温，每下降100m绝热增温1℃，加上水汽在迎风坡已凝结降落，气流湿度减小，因而在山坡中部或山脚就出现了高温而干燥的焚风。

例如，一支气流水平运动到山脚下，温度为20℃，相对湿度为70%，遇到高大的山脉被迫抬升，运动到500m高度发生凝结，越过3000m的山岭，在迎风坡500m以下，空气每上升100m，温度降低1℃，到500m高度时，气温为15℃，这时相对湿度为100%；500m以上，空气每上升100m，温度降低0.5℃，到山顶时，气流温度为2.5℃，如果这时空气仍处于饱和状态，则相对湿度为100%，水汽压为7.32hPa。气流越过山顶以后，每下降100m，温度升高1℃，到山脚时，气流温度就变为32.5℃，水汽压为49.1hPa，相对湿度变为15%，如图3–5。

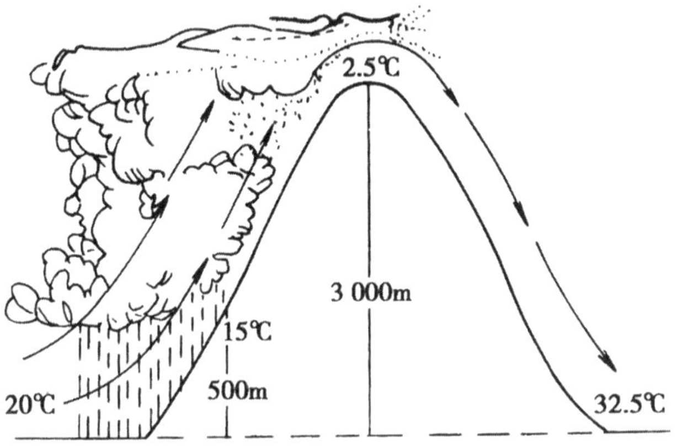

图3–5　焚风示意图

不论是冬季还是夏季，白天还是夜间，焚风在山区都可以出现。初春的焚风可使积雪融化，利于灌溉。夏末的焚风可使谷物和水果早熟。但强大的焚风会引起背风坡脚森林火灾和旱灾。

我国幅员辽阔，地形起伏，很多地方有焚风现象。如喜马拉雅山、横断山脉、秦岭、天山等高大山体的背风坡都有极为强烈的焚风效应。

三、风与农业生产

风也是作物生长发育的重要生态因子。风速增加，空气乱流加强，使作物内外各层次之间的温度、湿度得到不断的调节，有效避免某些层次出现过高或过低的温度、湿度，以利于农作物的生长发育；风能减少大气湿度，破坏农作物内水分平衡，使成熟细胞不能扩大到正常的大小，结果所有器官组织都小型化、矮化；风能够把农作物的花粉或者种子传播到远处，帮助农作物受粉和繁殖。

1. 风对农业生产的有利方面。

风速的增大能使地面与气层之间以及上下气层间的热量、水汽、CO_2、微尘杂质、动量的扩散和输送，使之均匀化。风促进了水分蒸发和植物蒸腾，调节了植物层间的环境温度、湿度和 CO_2 含量，保证了正常光合作用和呼吸作用。有人估算，水稻叶片以 $0.02gCO_2 \cdot m^{-2} \cdot min^{-1}$ 的光合速率光合作用时，如无风输送供给 CO_2，则在一分钟内叶片周围 CO_2 可被吸收耗尽而停止光合作用。风能传播植物花粉，帮助植物授粉，提高植物结实率。传播种子扩大繁殖，松、杉种实具有尾翼，能随风飘扬很远。人类也可利用风力来发电，风能是一种无污染的清洁能源，越来越受到人类的关注与重视。

2. 风对农业的不利影响。

风能传播病原体，造成植物病害蔓延，甚至造成病、虫长距离迁移。如小麦锈病孢子、稻飞虱、黏虫、稻纵卷叶螟等，春季随盛行西南风或东南风自南向北迁（移）飞、繁殖、危害、越夏；入秋，又随西北风或东北风自北向南迁（移）飞、繁殖、危害、越冬。大风会加速土表蒸发和植物蒸腾，造成土壤干旱和植物萎蔫；大风可造成植物叶片机械损伤或折断；作物倒伏；林木断枝断梢、翻根；果树落花落果；影响植物生长和产量。在干旱、半干旱地区，风蚀是造成土壤沙化的主要驱动力。大风还经常破坏甚至摧毁大棚和畜舍，使棚内作物和畜禽受害。在发生沙尘暴、暴风雪和寒潮等灾害时，风速越大，动植物受害也越严重。高山植物受风影响，生长低矮，风可使林木偏冠。一般风速大于10m/s 即危害很大，形成风灾。

第四章

天气与灾害性天气

天气反常容易引起各种气象灾害。我国幅员辽阔，在众多的自然灾害中，由气象灾害引起的经济损失约占70%。近十多年来，我国气象灾害具有频发突发、持续时间长、范围广、强度大的特点。高温干旱、暴雨洪涝、低温冷害、雷电冰雹、大风台风、冰雪冻害等灾害频频袭击，以致许多行业遭到不同程度的损失。本章重点讨论天气和灾害性天气的形成过程、对农作物的危害和防御对策。

第一节 天气概述

天气的晴雨是由天气系统决定的。天气系统指气团、锋面、气压三大系统。天气系统随空间的分布和随时间的变化过程称天气过程。

一、气团

（一）气团的概念

在水平方向和垂直方向物理属性（如温度、湿度、稳定度等）比较均匀的一大空气块称气团。垂直范围可到达17~18km的对流层，水平范围可达几千公里。

（二）气团的形成和变性

气团的形成需具备两个条件：大范围性质比较均匀的下垫面和适宜的环流条件。例如广大的冰川、广大的海洋、广大的沙漠等。形成在广大冰川上的气团具有原地的性质，寒冷干燥；形成在广大的海洋上的气团具有温暖潮湿的特点；形成在广大的沙漠的气团具有炎热干燥的特点。

在适宜的环流条件下，气团离开源地后，温度、湿度都会发生改变，这种变化是由于气团所经地区的地理纬度和地面性质不同而引起的。气团的这种变化，称为气团变性。

（三）气团的分类

气团按形成源地可分为：北极气团、极地气团（极地大陆气团、极地海洋气团）、热带气团（热带大陆气团、热带海洋气团）和赤道气团。按气团的稳定度可分为：稳定气团和不稳定气团。按热力条件分：冷气团和暖气团。

（四）活动在我国的主要气团及其天气特征

（1）冬季的气团活动。活动于我国的冬季气团主要是极地大陆气团。天气：寒冷干燥多晴朗。

（2）夏季的气团活动。影响我国夏季的气团主要是热带太平洋气团。天气：温暖潮湿多云雨。

（3）过渡季节的气团活动。春、秋两季，控制我国的主要气团是变性西伯利亚气团和热带太平洋气团。天气：春季，天气多变；秋季，造成秋雨，随后天气转凉。

二、锋面

（一）锋面的概念

当冷气团和暖气团相遇时，两气团之间有一交接过渡区，称它为锋面。锋面与地面的交线称锋线，锋线简称为锋（图 4–1）。

锋线的宽度，在地面上为 50~60km，在高空可达 200~400km。由于地球的自转，锋向在空间上是倾斜的。冷空气重，暖空气轻，冷空气便下沉，像楔子似的斜插入暖空气的下方。所以,锋面是一个向冷空气一侧倾斜的坡面。锋面按移动速度又可分冷锋、暖锋、准静止锋。不管哪种锋面都会下雨。

（二）锋面天气

锋面是温度、湿度和风等变化剧烈的过渡带。当暖空气沿锋面上升时，形成一系列云系。锋面经过某一地区时，常产生大风、降雨等天气过程，这是由于锋的活动而产生的天气，故称锋面天气。锋面的移动是引起各地非周期性天气变化的重要因素之一。

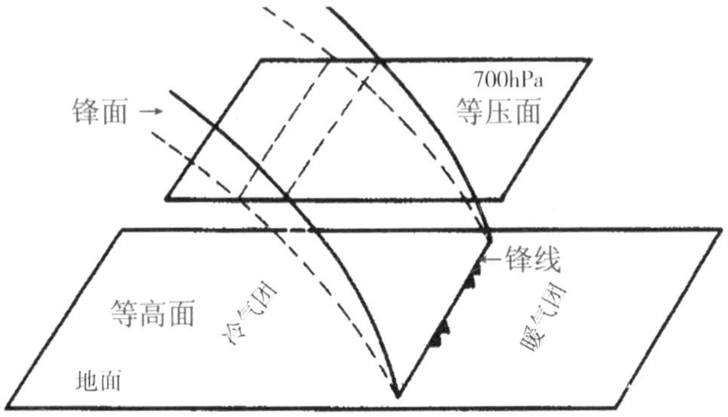

图 4–1　锋面空间结构

三、气旋和反气旋及其天气

（一）气旋及其天气

气旋是中心气压比四周低的水平空气涡旋，也称低气压，简称低压。在北半球，气旋内地面的空气沿逆时针方向从四周向低压中心辐合（图 4-2a），迫使低压中心空气产生上升运动，绝热冷却，水汽凝结，成云致雨。因此，气旋内多阴雨天气。图 4-3 中的低压中心连接两条锋面，一条东北到西南向的冷锋面，一条东西方向暖锋面。

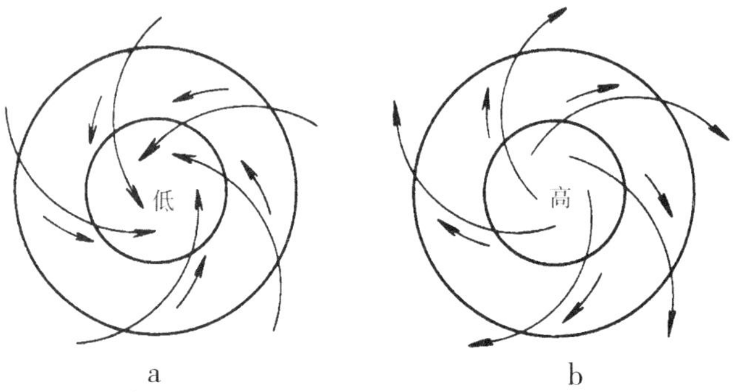

图 4-2　a. 低气压内部气流逆时针旋转　　b. 高气压内部气流顺时针旋转

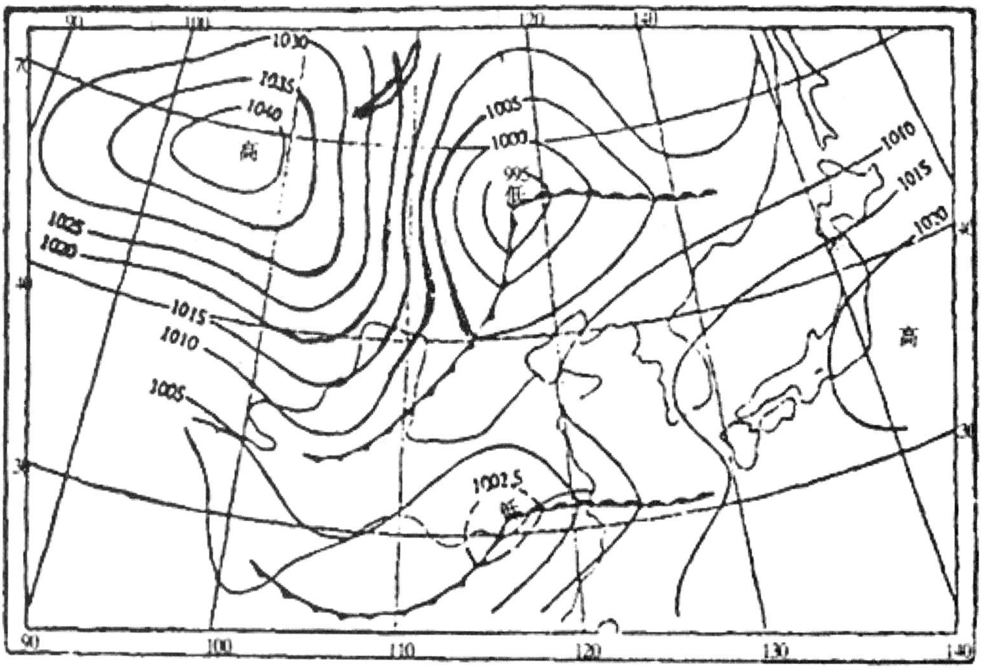

图 4-3　地面天气图（1958 年 4 月 5 日 08 时）

气旋的大小以地面天气图上最外围一条闭合等压线的范围来度量。一般气旋的直径为 1000km 左右，大的可达 2500~3000km，小的只有 200~300km。

气旋强度通常用中心气压值和最大风速来表示。气旋中心气压值愈低，表示气旋愈强，反之，则表示气旋愈弱。地面气旋中心气压值一般为 1010~970hPa，最低的可达 887hPa。

（二）反气旋及其天气

反气旋是中心气压比四周高的水平空气涡旋，也称高气压，简称高压。在北半球，反气旋内地面的空气作顺时针方向从中心向外流散（图 4-2b），使地面高压中心对应的高空空气下沉，绝热增温，相对湿度减小，云消雾散。所以，在反气旋控制下的天气，一般是晴朗少云天气。

反气旋的水平范围很大，其直径常超过 2000km。反气旋中心气压值愈高，表示反气旋愈强；反之，则愈弱。地面反气旋中心气压值一般为 1020~1030hPa，发展强大的反气旋可达 1078.8hPa。在强的反气旋中，地面最大风速可达 20~30m/s。

反气旋按生成和运动的地理位置，一般可分为温带反气旋、副热带反气旋和极地反气旋。温带反气旋按其温度结构，又可分为冷性反气旋和暖性反气旋两种。影响我国的反气旋主要有蒙古高压（冷性反气旋，图 4-3 西北方向的高压）和副热带高（暖性反气旋，图 4-3 东南方向的高压）。

第二节　灾害性天气及预防

一、寒潮

（一）寒潮的概念

入秋以后，自北向南方爆发的强冷空气势如潮涌的南下，称为寒潮。根据国家气象局制定的寒潮标准规定：凡一次冷空气入侵，使长江中下游及以北地区在 48h 内气温下降 10℃以上，长江中下游或春秋季的江淮地区最低温度降到 4℃或 4℃以下，陆上有 5 级以上三个大风区，渤海、黄海、东海先后有 7 级以上大风，作为发布寒潮警报标准。

（二）寒潮天气

冬季，西北和内蒙古可出现沙尘现象，其他地区则较为少见。江南及四川盆地有时可见浮尘，淮河以北地区少雨，偶有降雪。

春季，寒潮除造成普遍的大风和降温天气外，在北方常有浮尘和扬沙等现象。

秋季，寒潮南下的速度较快，除形成降温、大风天气外，在华北和长江流域均有降水过程产生。冷锋过境后常出现“秋高气爽”的天气，冷锋移到华南地区时，常出现持续性降水天气。

夏季，冷空气活动已不可能达到寒潮的程度。

（三）寒潮的危害

寒潮侵袭的大风常使果树和庄稼被刮倒、吹折，人畜受伤，尤以北方的沙尘暴和暴风雪危害更为严重。温度骤降可使果树和农作物等遭受严重的冻害，尤其是晚春时节，这时天气已逐渐转暖，一旦有强寒潮爆发南下，常使作物幼苗和果树的幼芽、花蕾遭受冻害。春末秋初的寒潮引起霜冻常使农林业生产受到很大损失，冬季的强寒潮会使气温大幅度下降，造成江河湖海封冻，交通受阻，越冬作物、热带经济林木和作物遭受冻害。图 4-4 为寒潮对大白菜和大棚内西红柿的危害。

图 4-4　寒潮对大白菜和棚内西红柿的危害

（四）寒潮防御对策

除重视收听当地气象台的寒潮天气预报，采取积极的抗灾措施外，在农业上应采取以下措施：抢收已经成熟的农作物，覆盖育苗地，稻田施肥，灌水，对果树的主干及果实采取各种保暖措施等。

二、霜冻

（一）霜冻的概念

霜冻是一种低温灾害，是植物在0℃以下低温时体内冻结而产生的伤害。霜冻与冻害不同的是：霜冻发生在作物活跃生长期，而冻害是发生在作物越冬休眠或缓慢生长期间。

（二）霜和霜冻的区别

霜是由于夜间辐射冷却，使地面和贴近地面的气层温度降到露点温度以下（露点温度低于0℃）时，空气中水汽达到过饱和，直接在地面和地物表面凝华的白色冰晶（图4–5）。

图4–5　霜冻图

霜冻是指温暖时期（日平均气温在0℃以上）地面和植物表面的温度突然下降到足以使植物遭受冻害或死亡的天气现象。在发生霜冻时，可能有霜也可能没有霜。人们常将没有白色水汽凝结物的低温冻害称为黑霜。

（三）霜冻对植物的危害

霜冻对植物的危害：①在低温下，细胞原生质透性增大，水分外溢，植物因大量失水而死亡。②同时低温还可以破坏植物正常的新陈代谢，使植物体内产生毒素而受害。③当气温降到0℃以下时，植物体内细胞间隙中的水分冻结成冰晶，而冰晶继续吸取细胞中渗透出来的水分，并逐渐膨胀。从而使细胞因受冰晶的机械挤压，遭受到伤害。再加上原生质脱水，引起胶体凝固，使植物萎蔫，甚至死亡。④当霜冻形成之后，如果植物在阳光直接照射下，温度急剧上升，使细胞间隙中的冰晶迅速融化成水，这些水分还没有被植物的细胞吸收时，就被蒸腾掉了，这样植物体内细胞失去水分平衡，植株常因失水过多而死亡，这种霜冻对植物的危害最大。

小麦霜冻主要发生在四个生育期，即苗期、拔节期、开花期和灌浆期，其中拔节期是霜冻害影响产量的关键时期。玉米霜冻主要发生在苗期和蜡熟期。棉花是喜温作物，抗霜冻能力较弱，霜冻害主要发生在苗期和棉桃充实期，棉苗出土时遇到霜冻害会冻死，未吐絮的棉桃遇到霜冻会使棉绒变黄，产量和品质均会下降。柑橘类果树易遭受冬季霜冻的危害。瓜果豆类多为喜温蔬菜，不耐结冰，遭遇霜冻后叶片、果实枯死，导致严重减产。烟草生育后期、茶树春芽萌发期及甘蔗都常发生霜冻害。2010 年 3 月前期，气温高，春茶发芽，后期遇霜冻，上饶茶叶几近无收，损失 3.7 亿元。赣南脐橙、蔬菜育苗、茶叶等农作物直接经济损失近 25 亿元人民币。

（四）影响霜冻的主要因子

1. 天气条件。

当冷空气入侵后，地面为冷高压控制；天空无云或少云，无风或微风的天气条件下，有利于地面和接近地面气层的辐射冷却；有效辐射大，降温剧烈，形成较重的霜冻。

2. 下垫面状况。

干燥疏松的土壤表面易形成霜冻。因在这种情况下，土壤的导热率和热容量小，升温和降温都很剧烈。反之，紧实的土壤霜冻要轻些。

3. 地形的影响。

洼地、盆地和谷地，霜冻严重，霜期也长些，这是因为冷空气易于聚积而不易宣泄的缘故(图 4–6)。山坡霜冻最轻，经常有逆温存在。山顶霜冻居中，风较大，气流容易交换。

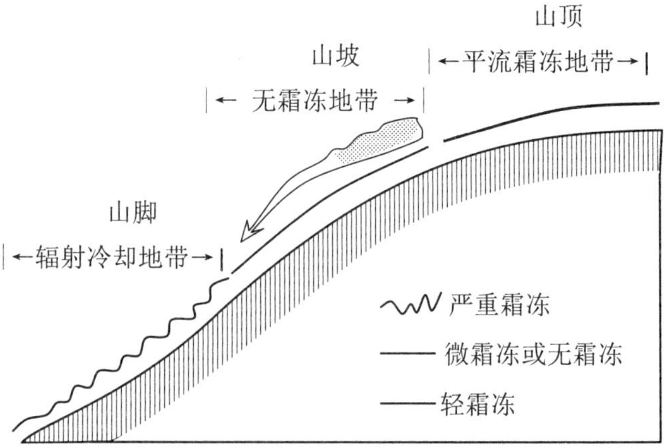

图 4–6　山脚、山坡和山顶的霜冻

（五）初、终霜冻及霜期

秋季发生的霜冻为早霜冻，秋季出现的第一次霜冻，称为初霜冻。春季发生的霜冻为晚霜冻，春季最后一次出现的霜冻，称为终霜冻。初霜冻发生的越早，终霜冻出现越晚，对农作物的危害就越大。从秋季的初霜开始到第二年春季的终霜止，这段时间称为霜期。终霜到初霜之间的时期，称为无霜期。

（六）霜冻防御措施

1. 灌水法。

灌水可增加近地面层空气湿度，保护地面热量，提高空气温度（可使空气升温 2℃左右）。由于水的热容量大，降温慢，田间温度不会很快下降。至于小面积的园林植物还可以采用喷水法，其方法是在霜冻来临前 1 小时，利用喷灌设备对植物不断喷水。因水温比气温高，水在植物遇冷时会释放热量，加上水温高于冰点，以此来防霜冻，效果较好。

2. 覆盖法。

利用稻草、麦秆、草木灰、杂草、尼龙等覆盖植物，既可防止外面冷空气的袭击，又能减少地面热量向外散失，一般能提高气温 1~2℃。有些矮秆苗木植物，还可用土埋的办法，使其不致遭到冻害。这种方法只能预防小面积的霜冻，其优点是防冻时间长。

3. 熏烟法。

用能够产生大量烟雾的柴草、牛粪、锯木、废机油、赤磷或其他尘烟物质，在霜冻来临前半小时或 1 小时点燃。这些烟雾能够阻挡地面热量的散失，而烟雾本身也会产生一定的热量，一般能使近地面层空气温度提高 1~2℃。但这种方法要具备一定的天气条件，且成本较高，污染大气，不适应于普遍推广，只适用于短时霜冻的防止和在名贵林木及其苗圃上使用。

4. 霜冻施肥法。

在霜冻来临前，用半腐熟的有机肥做基肥，可改善土壤结构，增强其吸热保暖的性能。也可利用半腐熟的有机肥在继续腐熟的过程中散发出热量，提高土温。入冬后可用暖性肥料壅培林木植物，有明显的防冻效果。暖性肥料常用的有厩肥、堆肥和草木灰等。这种方法简单易行，但要掌握好本地的气候规律，应在霜冻来临前 3 至 4 天施用。入冬后，可用石灰水将树木、果树的树干刷白，以减少散热。

5. 霜冻天气后设施农业的管理。

霜冻低温及连阴天突然转晴后，塑料拱棚要及时放风降温，防止高温植株打蔫。连阴天突然转晴后日光温室采取放半苫、放花苫的办法避免温度急骤上升使植株打蔫，等植株恢复生长后再全部揭开。及时喷洒清水或 0.2% 尿素水溶液或 0.2% 磷酸二氢钾水溶液，增加植株的抗性。

6. 灾后补救。

田间：要积极加强田间管理。蔬菜上，已发生冻害的幼苗，应在晴天进行清除受冻残体，注意茄果类蔬菜灰霉病、早疫病的发生与防治。可用 50% 扑海因 1000 倍、15% 绿佳宝 1000 倍、28% 灰霉立克 500~1000 倍喷施。同时，结合防治病毒病和蚜虫，病毒病可用抑毒星、菌毒杀星等，蚜虫可用吡虫啉类药剂防治。对未受冻害的幼苗，也要抓住晴天按上述方法普遍施药一次。连续阴雨天气，无法施药，可使用 20% 百腐烟熏剂，按大棚空间 0.2~0.3 克 / 立方米的用量进行烟熏，注意弱苗及小棚内不能用。

果园：果园可采取以下措施：①花期受冻后，在花托未受害的情况下，喷赤霉素，可以促进单性结实，弥补一定产量损失。②实行人工辅助授粉，促进坐果；喷施 0.3% 硼砂 +1% 蔗糖液，全面提高坐果率。③加强土肥水综合管理，养根壮树，促进果实发育，增加单果重，挽回产量。④加强病虫害综合防控：果树遭受晚霜冻害后，树体衰弱，抵抗力差，容易发生病虫为害。因此，要注意加强病虫害综合防控，以尽量减少因病虫害造成的产量和经济损失。

三、低温冷害

（一）低温冷害的概念

低温冷害是指在作物生长发育期间，尽管日最低气温在 0℃以上、天气比较温暖，但出现较长时间的持续性低温天气，或者在生殖生长期间出现短期的强低温天气过程，日平均气温低于作物生长发育适宜温度的下限指标，影响农作物的生长发育和结实而引起减产的农业自然灾害。由于不同作物或同一作物在不同生育期，生理上要求的适宜温度与耐受的临界低温大不相同，因此，当温度在 0℃以上，甚至在 20℃以上也能引发冷害。

（二）低温冷害的类型

低温冷害主要有以下四种类型。

1. 延迟型冷害。

延迟型冷害指农作物营养生长期发生的冷害，使生育期延迟，有时也包括生殖生长期间的冷害。如东北地区玉米、高粱等遭受的主要是延迟型冷害。长江流域双季早稻在苗期、移栽返青期也常发生延迟型冷害。由于延迟型冷害对作物的影响是潜在和缓慢的过程，人们很难察觉，常常在秋季出现减产时才发现作物受害，因而也被称为“哑巴害”。

2. 障碍型冷害。

障碍型冷害指作物生殖生长时期（主要是生殖器官分化到抽穗开花阶段），遭受短期（一般仅几天）异常低温，使生殖器官生理机能遭到破坏，以致颖花不育，籽粒空瘪的低温冷害。如我国华南地区寒露节气前后和长江中下游地区秋分节气前后的低温天气，常发生在作物对低温较敏感的孕穗期和抽穗开花期，对后季稻生殖生长和结实的危害很大，当地把这种低温冷害又称为“寒露风”。

3. 混合型冷害。

混合型冷害指在农作物在同一生长季中，延迟型冷害与障碍型冷害相继出现，两种冷害交混发生的低温冷害，又称兼发型冷害。它比单一性的冷害危害更严重，作物往往在前期遇到延迟型冷害，延迟了生育和抽穗，到了孕穗开花期，又遇到障碍型冷害，引起了大量空壳，秕粒，对产量形成带来严重危害。

4. 稻瘟病型冷害。

稻瘟病型冷害指在水稻生长期内因低温阴雨而发生稻瘟病的农业气象灾害。稻瘟病是受真菌感染而引起的一种水稻病害，低温通常是引发稻瘟病发生的重要气象条件。对于正常温度年份不宜感染稻瘟病的地区，当出现低温时则容易感病，所以把这种现象也归为冷害的一种，又称间接冷害。

（三）低温冷害的危害

对作物的危害主要有三种情况：一是低温延缓发育速度，致使作物在秋霜来临时尚不能完全成熟；二是低温引起作物的生长量（株高、叶面积、分蘖数等）降低，降低群体生产力；三是低温使作物的生殖器官直接受害，影响正常结实造成不孕，空瘪粒增多。如延迟型冷害可使玉米、大豆、谷子、高粱等作物植株生长发育速度迟缓，导致抽穗开花延迟，以至于不能在初霜来临前成熟，造成籽粒含水最大，粒重降低而减产。

对蔬菜的危害主要是生长速度慢，影响蔬菜的生长量和上市时间，对于一年生蔬菜，春季低温还可导致先期抽薹而影响产品的质量。对水稻而言，在春季遇到低温不但会降低秧苗质量，推迟插秧期，更重要的是会延迟返青分蘖和穗分化，对抽穗影响十分严重。障碍冷害危害较大的作物主要是水稻，在水稻生殖生长期遭受低温危害，成为不育空粒以致明显减产。水稻孕穗期对低温最敏感，容易引起不孕；抽穗开花期受到低温危害，颖壳不张开，花药不开裂，花粉不发育，因而形成不育粒。混合型冷害一般对作物的危害最大。低温冷害还可导致病虫害的发生，如水稻叶鞘腐败病、细菌性褐斑病和稻瘟病，大豆菌核病、玉米米丝黑穗病和瘤黑粉病等。

（四）低温冷害的预防对策

1. 选择适合本地的品种。

要选用在低温早霜年份也能正常成熟的耐低温的早熟高产优质品种。

2. 合理耕作，增春墒。

（1）适期早播，缩短播期，抢用早春积温。适期早播不但可以有效地利用早春返浆期的土壤水分，而且可以利用早春间歇积温。

（2）推广苗期深松，压缩翻地面积。深松耕法既能疏松土壤又不翻动耕层，有利于蓄水保墒，苗期深松，可更多接纳雨水。

（3）除草松土，加强管理。多锄、多中耕，疏松土壤，提高地温。

（4）用早熟品种进行“早矮密”栽培。早熟矮秆品种前期生长快，最大叶面积高峰出现得早，光合效率高，对于利用春季和初夏积温，促进生育进程，避免低温冷害具有重要意义。

3. 增施有机肥料。

有机肥料养分全，既能增加营养，又能增温保墒，是抗御低温冷害的重要措施之一。在作物生育后期根系吸收能力减弱的情况下，根外喷施磷肥、微量元素等，对于提高植株生活力，抗御低温冷害和促进早熟有一定的效果。

4. 采取综合农业措施促早熟。

（1）加强后期田间管理。旱田作物采取放秋垄、拔大草、打底叶，水田拔除田间大草、割净田埂杂草等措施，可促进作物早熟高产。

（2）以水增温。即在冷空气侵入时，水稻田可采用全天灌深水或日排夜灌的办法，可提高土壤温度和株间温度。灌水深一些，增温效果会更好。

（3）喷施水面增温剂。水面增温剂喷施稻田有增温作用，可提早抽穗，降低空瘪率。

（4）育苗移栽，培育壮秧。育苗移栽是一项开发利用光热资源、战胜低温冷害的有效增产措施。首先，早育苗，延长了作物生育期，增加积温200~300℃；其次，秧苗素质好，培育了壮秧，能做到苗齐、苗匀、苗壮。

（5）地膜覆盖。地膜覆盖能提高地温，保持土壤水分，改善土壤养分状况与田间光照条件，从而能显著地促进作物的生长和发育。

四、热害

热害包括高温热浪和干热风。

（一）高温热浪

长时间维持39℃以上的高温称热浪。对人畜危害都很大。炎热天气禽畜食欲下降，呼吸急促，养分消耗大，即使不生病，生产力也会明显下降。特别是奶牛产奶率和鸡产蛋率明显下降。

（二）干热风

干热风是高温、低湿及伴随一定风力而造成水分大量蒸发的一种灾害天气。江西5月份如果遇到3天日平均气温高于30℃，相对湿度低于30%，3至4级偏南大风，柑橘花果将大量脱落，就会造成严重减产。

1. 干热风对植物的危害。

这种天气出现时，主要表现为大气干旱，而土壤中的水分含量并不缺少。因植物蒸腾作用强烈，植物损失水分过多，破坏了植物的水分平衡和光合作用，结果在短时间内给作物的生育和产量带来巨大的影响。

2. 干热风和干旱的差异。

干旱发生时是由于长期无雨、土壤缺水，致使植物体内水分平衡和叶绿素逐渐破坏，植株枯黄而死。而干热风发生时，由于温、湿、风等气象要素的急剧变化，植物蒸腾量很大，即使在土壤水分充足的条件下，也易发生植物水分失调，正常的生理活动受到抑制或遭到破坏，因而使植株受到危害甚至死亡。在干热风影响下，由于叶绿素来不及分解，植株表现青枯、灰绿或青灰等现象。干热风（高温、低湿、风）在整个昼夜都可发生，植物的水分支出在夜间几乎没有减弱。

（三）热害的防御对策

（1）选用抗高温耐热品种，利用附近高海拔山区建立淡季蔬菜基地。

（2）通过浇水、覆盖、遮阴等措施降低局部气温。

（3）植树造林改善生态环境，缩小温度日变幅。

（4）喷洒植物生长调节剂，提高耐热性，促进恢复生长。

五、干旱

（一）干旱的概念

干旱是指长时期降水偏少，造成空气干燥、土壤缺水，使农作物体内水分发生亏缺，影响正常生长发育而减产的一种气象灾害（图 4–7）。

图 4–7　干旱

（二）我国干旱基本概况

干旱是我国和世界农业最严重和常见的农业气象灾害之一，占气象灾害 50% 以上。干旱严重影响植物生长发育和产量的形成。1949 年以来我国平均每年受灾面积 0.307 亿 hm^2，其中旱灾占 62%。干旱较严重的年份有 1960 年、1965 年、1972 年、1982 年、1988 年、1999 年、2000 年、2001 年、2002 年、2003 年、2004 年、2006 年、2008 年、2010 年、2013 年。2001 年为我国继 1999 年以后连续第三个干旱年，也是 1949 年以来的第三个大旱年，仅次于 1978 年和 2000 年。受灾面积波及 22 个省、自治区、直辖市，以内蒙古、辽宁、黑龙江、山西、四川为最严重，受灾 3800 万 hm^2，成灾 2370 万 hm^2，绝收 640 万 hm^2，直接经济损失近千亿元，全国粮食单产比常年下降 5%。2003 年，长江创 16 年来最低水位，江南 6 月下旬起持续高温干旱，伏秋冬连旱为 150 年一遇，其中 7 至 8 月，降雨量偏少 3 至 8 成，浙江、江西、湖南、福建、广东五省 7 至 11 月，降水创 1954 年以来最低值。赣江部分河段干涸断航，湘江长沙段创造历史最低水位。2004 年南方 12 省持续高温干旱，水稻严重减产。

（三）江西干旱基本概况

江西一般很少春旱，赣南偶尔发生。夏季干旱指6月份无梅雨的“空梅”或雨季结束得特别早而产生的少雨干旱，这种灾害虽然次数不多，但一旦出现，常常暴发虫灾或高温酷热，造成早稻植株早衰，形成高温逼熟，千粒重下降，影响早稻结实率，导致减产。7—8月份，进入高温时期，伏旱出现频繁。此时，正值双季晚稻栽插或分蘖，如水分不足，便会导致晚稻减产，严重者甚至无收。9—10月，江西各地降水量在100mm以下，此时蒸发量仍大于降水量，容易出现秋旱。有些年份伏秋连旱，持续时间达百天以上，往往造成塘库干涸，溪水断流。江西干旱严重的年份有：1957年、1959年、1966年、1971年、1972年、1976年、1978年、1981年、1985年、1986年、1988年、1990年、1992年、1996年、1997年、2000年、2001年、2007年、2008年、2010年、2011年、2013年。其中特旱年份：1959年、1966年、1971年、1972年、1978年、1992年、2007年。

（四）干旱的类型

1. 按干旱的成因分类。

（1）土壤干旱。土壤干旱是由于长期无雨，土壤水分缺少，形成厚的干涸层，因而水分平衡破坏的现象。

（2）大气干旱。大气干旱是由于高温低湿而引起植物水分平衡的破坏。这时尽管土壤中具有一定的有效水分，但因植物蒸腾量很大，蒸腾所消耗的水量超过了根系吸收的水量，使植物发生凋萎。

（3）生理干旱。由于土壤环境条件不良使根系生理活动遇到障碍，导致植物体内水分失去平衡而发生的危害。如土温过高，通气不良，土壤溶液浓度过高等。

2. 按干旱发生的季节分类。

（1）春旱。干旱发生在春季3至5月，其特点是温度不高，相对湿度低，缺雨或少雨，我国黄河流域和淮河以北地区最常发生，西北和长江上游也常出现。春季北方冷空气自西或西北经华北、东北东移入海，在华北、东北地区，天气晴朗，温度回升较快，空气干燥，加上风大，蒸发强，形成春旱，故北方常有“春雨贵如油”的农谚。

（2）夏旱。夏季，当副热带高压向北推进时，长江流域常在它的控制下，形成连晴高温天气。四川西部常在5、6月初夏就发生干旱，称为夏旱。长江中下游包括四川东部地区在盛夏7、8月份，常有几天到十几天的连晴高温天气，而这时正是“三伏期”，故称伏旱。伏旱不但影响晚稻生长发育，而且也影响旱地作物的产量。初夏到盛夏是棉花作物需水量最大时期，伏旱对产量的影响最大。

（3）秋旱。秋季，副高向南撤退，冷高势力加强，向南伸到华中地区时，出现秋高气爽天气，引起秋旱。在长江流域秋旱比春旱、夏旱更为经常，秋旱不但影响晚秋作物和夏播作物的生长发育和产量，而且也影响冬作物的播种，所以秋旱的危害也是很大的。

（4）冬旱。华南地区冬季仍是作物旺长季节，但降水变率很大，如广州 1 月份降水变率竟高达 88%，少雨年份可发生严重冬旱。

3. 按干旱发生的面积分类。

布斯琴根据干旱发生的面积占本地区面积百分数的大小把干旱分为五类：

（1）局部干旱。受旱面积小于或等于 10%。

（2）中等干旱。受旱面积为 11% ~20%。

（3）大旱。受旱面积为 21% ~30%。

（4）特大旱。受旱面积为 31% ~50%。

（5）毁灭性旱灾。受旱面积大于 50%。

（五）干旱成因

干旱天气主要是高压长期控制下形成的，发生范围较大。北方春旱主要由移动性冷高控制，升温快，空气干燥，风速大，蒸发强。南方伏旱主要是梅雨结束后副热带高压控制，天气晴热蒸发强所引起。秋旱是由入秋后冷高迅速南下，长时间无雨，引起秋高气爽。有时冷高南下变性后并入副高也会维持干旱。

（六）干旱的防御对策

一方面要发展水利，充分挖掘和利用水源；另一方面要推广节水灌溉技术和节水农艺，努力提高水分利用效率。

（1）大搞农田基本建设，增加灌溉面积（图 4–8）。

（2）防旱的轮作布局和耕作保墒技术（图 4–9）。

扩大抗旱作物的种植面积，早春耙地，秋季深耕，适时中耕，培土（图 4–10）、镇压土壤（图 4–11），及时播种等，都是防旱抗旱的有效措施。增施有机肥和施用土壤改良剂可提高土壤的保墒抗旱能力。

（3）选育抗旱作物及作物品种，培育壮苗（图 4–12），适时追肥（图 4–13），选择

图 4-8 灌溉

图 4-9 耕作保墒措施

图 4-10 中耕培土

图 4-11　镇压土壤

图 4-12　培育壮苗

图 4-13　适时追肥

早熟品种，可以躲过干热风的危害。

（4）覆盖法（图4–14）。采用稻草、麦秆、树枝、树叶等覆盖物和种植保水植物——百喜草，盖在地上，减少土壤水分的蒸发，同样能起到防旱的作用。

图4–14　覆盖

（5）营造防护林。防护林能减低风速，减少农田水分的蒸发，减少地表水的径流冲刷，增加土壤中水分的含量，减轻干旱的危害。

（6）种子抗旱锻炼。对于谷类作物用药剂浸种、闷种，可以提高植株的抗旱能力。据河北气象局和河北农业大学的试验，用氯化钾浸种、闷种，可使小麦植株细胞内钙离子增加，从而提高小麦的抗旱能力。同时也改变了土壤的结构，提高了土壤的保水能力。

（7）加强天气预报（图4–15）。

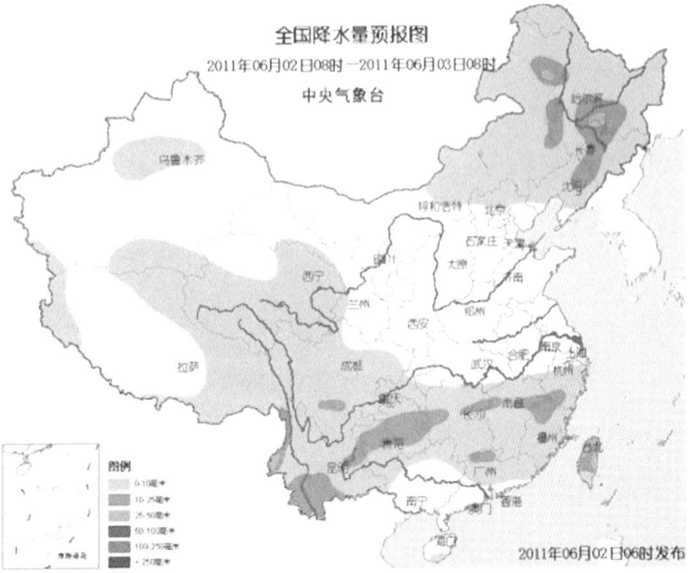

图4–15　加强天气预报

（8）人工降雨。利用飞机炮弹，将干冰或碘化银、碘化铅等，撒入云中，造成冰水共存，形成降水，解除旱象。随着科学研究试验的突破，人工降雨成为抗旱斗争的重要手段（图4-16）。

图 4-16　人工降雨

（9）防御干旱的新途径。这些年来各地试用化学制剂抑制水分蒸发，已见抗旱成效。喷洒在水面使成单分子膜的称保水增温剂；喷洒在土面使成多分子膜的称墒增温剂。它们能阻止水汽通过，故能抑制水分蒸发，从而提高土壤温度、湿度，起到保墒增温，促进种子发芽、出苗、根系发育和早熟增产。经鉴定，两种制剂抑制水分蒸发率能达 70%—80%，它们大多是石油化工副产品。主要品种有石油树脂乳制、OED 乳剂、合成树脂乳剂等。

六、洪涝

（一）洪涝的概念

洪害是指大雨、暴雨引起山洪暴发、河水泛滥、淹没农田、毁坏农业设施的一种自然灾害；涝害是指雨水过多或过于集中，或农田排水不畅，造成农田积水，使旱田作物受到损害的一种灾害。

（二）洪涝的形成

洪涝主要由暴雨、锋面雨、地形雨和台风雨形成。

1. 暴雨。

每年的春夏季节强对流天气比较多，容易造成暴雨。暴雨时间长，暴雨量过大，产生洪涝现象。

2. 锋面雨。

后面（西面）为冷气团（冷空气），前面（东面）为暖气团，冷暖相交的地方为锋面，暖气团温暖潮湿，沿着锋面滑升得很远，随着高度升高温度下降，最后成云致雨（图 4-17）。锋面雨时间过长容易引起洪涝。

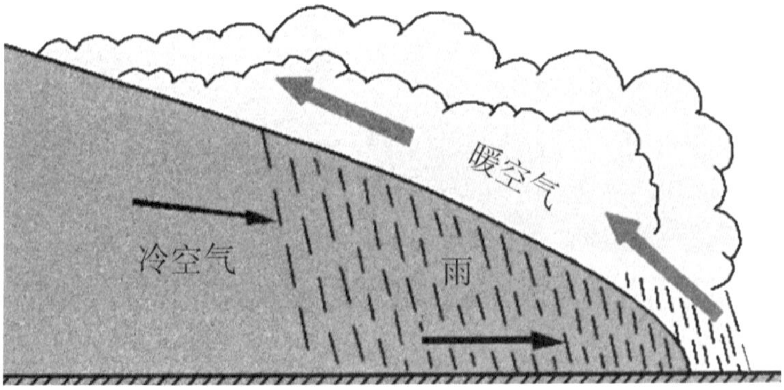

图 4-17　锋面雨示意图

3. 地形雨。

海面吹来的暖湿气流沿着山脚向上爬，随着高度升高，气温降低，到达一定高度，由于空气变冷，水汽凝结，成云致雨，这个高度称凝结高度，迎风坡多雨（图 4-18）。气流越山下沉，空气增温，不具备成云致雨条件，背风坡无雨。如迎风坡雨量过大，会造成山洪暴发。

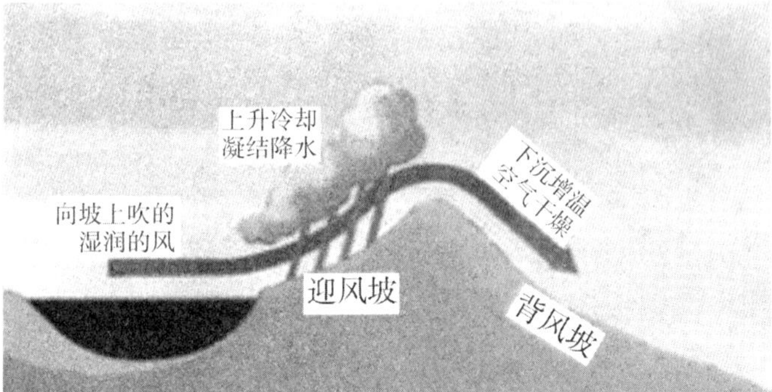

图 4-18　地形雨

4. 台风雨。

台风是个反时针涡旋，地面气流逆时针旋转上升，形成降雨（图 4-19）。夏季，台风较多，台风雨一方面可以解除旱象，另一方面雨量过于集中又可能引起山洪暴发和洪涝。

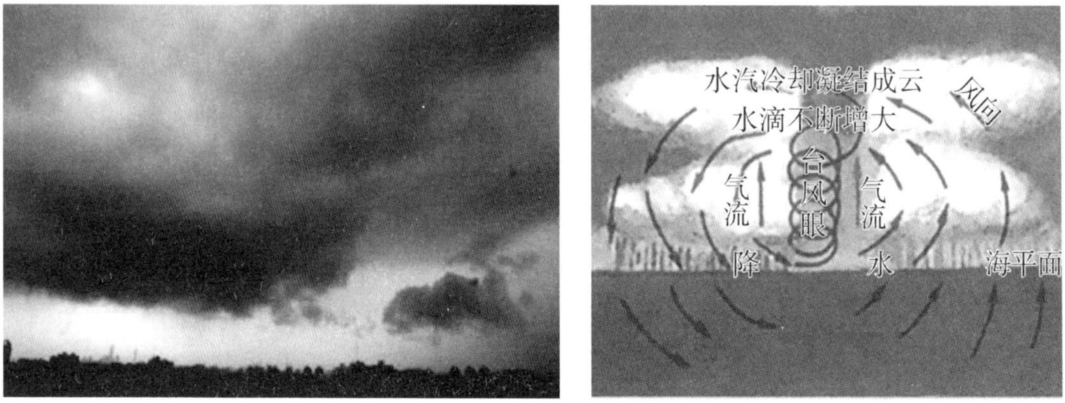

图 4-19 台风雨

（三）洪涝的时空分布特征

洪涝发生的空间分布广泛，具有明显的季节性、区域性和可重复性等特征。我国大部分地区均遭受过雨涝灾害，尤其以长江、黄河、淮河、海河的中下游地区最为频繁。江西洪涝灾害主要发生在 4 至 7 月，以 6 月最为多见，气象上称为主汛期。有些气候异常年份也会出现在春汛、秋汛和冬汛。如 1992 年江西省就出现了罕见的春汛。主汛期重度洪涝灾害全省平均为 3 年出现一次，江西洪涝严重的年份有 1954 年、1958 年、1962 年、1967 年、1968 年、1969 年、1970 年、1973 年、1975 年、1981 年、1982 年、1992 年、1993 年、1994 年、1995 年、1996 年、1998 年、1999 年、2005 年、2008 年、2010 年、2011 年、2013 年。其中 20 世纪 90 年代 10 年就有 7 年发生洪涝。1954 年、1992 年、1995 年、1998 年和 2010 年是洪涝最严重的年份。

（四）洪涝的案例分析

1998 年，长江流域发生了特大洪涝灾害。特点是：洪水大、影响范围广、持续时间长，洪涝灾害严重。全国共有 29 个省（自治区、直辖市）遭受了不同程度的洪涝灾害。据统计，农田受灾面积 2229 万公顷（3.34 亿亩），成灾面积 1378 万公顷（2.07 亿亩），死亡 4150 人，倒塌房屋 685 万间，直接经济损失 2551 亿元。江西、湖南、湖北、黑龙江、内蒙古、吉林等省（区）受灾最重。其中给江西带来直接经济损失 384.64 亿元。

（五）洪涝对农业生产的影响

洪涝对农作物的危害主要是在淹水情况下，土壤毛细管充满了水，空气不能自由地进入土壤，根部缺氧，且土壤积累了 CO_2 和有机酸等有毒物质，影响根系的正常发育，或窒息死亡。江河沿岸河水泛滥，造成作物冲毁。

洪涝对作物生长状况及产量的影响，取决于作物的种类、品种及发育期。如高粱、黑豆、水稻是抗涝作物；小麦、玉米是耐涝作物；棉花、甘薯、谷子、花生、芝麻是怕涝作物。水稻比其他粮食作物耐涝。水稻被淹没减产以孕穗期为最大，抽穗期次之，乳熟期被淹，虽妨碍灌浆，但对产量影响不如孕穗期、抽穗期被淹严重。玉米幼苗最不耐涝，但吐丝期水深不超过雌穗的短时淹没对产量影响不大。

江西汛期洪涝大部分时间出现在 6 至 7 月，此期间正处于早稻成熟和二晚秧苗期，对产量影响很大。

1. 对早稻产量的影响。

洪涝灾害年份，单产低于邻近年份，由于洪涝面积增加，造成绝收面积增加，总产低于邻近年。如 1995 年早稻种植面积比 1994 年多 60.2 万亩，但其总产却少 50.4 万吨。

2. 对晚稻产量的影响。

二晚生产主要从 6 月下旬开始，所以以 6 月下旬以后出现的洪涝灾害为主。洪涝对二晚的影响与早稻相似，不仅影响单产，而且影响总产。

（六）洪涝的防御对策

从气象角度出发，提出以下防灾减灾措施。

1. 降雨期集中。

造成洪涝灾害的重要原因之一是 5 至 7 月上旬为江西降水集中期，此期间内，不仅降水范围大、持续时间长，而且降水强度起伏大。历年资料表明，绝大多数年洪涝灾害发生在这段时间内，加强提前预报的准确率可及时采取防御措施减少损失。

2. 季节性的湖区利用。

根据遥感监测，鄱阳湖区水域面积维持在 $4020km^2$ 以上的时间是短暂的，每年除了 7 至 8 月时间段外，其余都在 $3500km^2$ 以下，尤其是冬春两季湖体面积一般为 $2000km^2$

以下。为了充分利用江西秋末和冬春两季的光热水资源，在湖区周围合理种植农作物是可行的。如油菜、大小麦、春马铃薯、蚕豌豆、蔬菜等冬春作物，洪水退得早的年份可以适当扩种二晚百万余亩。

3. 高处建镇及镇周围建造高级别的防护堤坝。

从有气象资料以来，类似 1998 年这样的洪涝灾害是罕见的，发生洪涝灾害年份中 10 年有 6 年洪涝期出现在 6 月中旬至 7 月上旬的约 30 天内，雨季结束后，受副热带高压控制，江西即进入高温少雨季节。江西雨季结束期北部大多数年份为 7 月上旬，在长江上游正常降水年份，鄱阳湖区 7 月下旬即可减少到 3900km^2 左右，即比 1995 年 7 月 19 日水域面积小 466 km^2，比 1998 年 8 月 5 日小 1724km^2。湖水在 7 月下旬后快速后退，可使江西二晚扩种数百万亩，且这些田块不受伏秋干旱威胁，土壤肥沃，易高产。以每亩二晚 300kg 计算，扩种 100 万亩，则可增加粮食 300000 吨（6 亿斤）。因而在湖区边沿选择地势高、被淹概率小于 20 年一遇的且不影响河水流通的地方建镇，并在镇周围建设造高级别的防护堤坝，既可减少湖区人民搬迁所带来许多难以解决的问题，如新到一地生产来源问题、习惯问题等，也有利于湖区的开发和利用。

4. 湖区周围及五河流域综合治理。

在湖区周围及五河流域两岸要进行植树造林，据研究，一亩林地可蓄水 20m^3，这样可以大大减少汛期降水对湖区的压力。目前江西有荒山 180 余万亩，应有计划地种草种树。对湖区周围和五湖流域两岸的土地也应该根据其坡度、质地等进行合理利用。一般坡度 25° 以上宜作为林地，坡度 25° 以下可作为农地开发。

5. 治理江河，修筑水库。

历史上严重的洪涝多是河道淤塞、堤岸失修，遇大暴雨时发生决堤引起的。因此，根治河流是防御洪涝灾害的有效措施。修筑水库，能有效地拦蓄洪水，减少洪峰流量，从而有效地防御洪涝。此外，通过治理江河，修筑水库还能蓄水防旱，治水与治旱相结合，是彻底防御洪涝湿害的根本措施。

6. 加强农田基本建设。

在易涝地区进行农田基本建设是一项抗御洪涝灾害的重要措施。修筑田间排水渠系，形成完整的排水体系，合理开沟，降低地下水位，使田间地表水、浅层水和地下水能及时迅速排泄出去，防止涝害的发生，或降低涝灾危害的程度。在湿害多发地区，搞好垄、腰、围三沟陪同，降低地下水位，遇湿害，还要抓住有利天气及时进行田间管理，即改善土壤通气性，又可防止地表结皮及盐渍化。

7. 改良土壤结构，降低涝灾危害。

通过合理的耕作栽培措施，改良土壤结构，增强土壤的透水性，可有效地减轻涝害程度。此外增施有机肥可使土壤疏松，改良土壤结构，减轻涝害。在涝害发生后适时中耕，使土壤松软，通气性能得到改善，增加蒸发比表面积，从而减轻涝渍湿害的影响。

8. 调整种植结构，实行防涝栽培。

因地制宜地安排种植结构，是降低洪涝湿害的重要措施。在涝灾多发区要选择抗涝作物种类和品种，适当调整播栽期，可使涝灾影响的概率下降，稳定农业生产水平。

七、冰雹

（一）冰雹的概念

冰雹也叫“雹”，俗称“雹子”（图 4-20），有的地区叫“冷子”。是从发展强盛的积雨云中降落到地面的冰球或冰块，产生冰雹的云，又称为冰雹云（图 4-21）。冰雹天气发生时，除了从雹云中降落雹块以外，往往伴有短时的强风或暴雨。因此，虽然冰雹天气持续时间短，出现范围小，但危害往往较大。

图 4-20　冰雹

图 4-21　冰雹云

（二）冰雹的时空分布特征

我国冰雹灾害的时间分布十分广泛。在全国各个地区都有一个相对集中的降雹时段。有关资料分析表明，我国大部分地区降雹时间 70% 集中在 13：00~19：00，以 14：00~16：00 为最多。另外，我国各地降雹也有明显的月份变化，一般说来，福建、广东、广西、海南、台湾在 3 至 4 月，江西、浙江、江苏、上海在 3 至 8 月，湖南、贵州、云南一带、新疆的部分地区在4至5月，秦岭、淮河的大部分地区在4至8月，华北地区及西藏部分地区在5至9月，山西、陕西、宁夏等地区在6至8月，广大北方地区在6至7月，青藏高原和其他高山地区在6至9月。另外，由于降雹有非常强的局地性，所以各个地区以至全国年际变化都很大。

冰雹多发区主要分布在高原和大山脉地区，并按高原和大山脉走向呈带状分布；少雹区主要分布在平原、盆地和沙漠地区。且山地多于平原，内陆多于沿海，北方多于南方。青藏高原为冰雹高发区，年冰雹日数一般有3~15d；云贵高原、华北中北部至东北地区及新疆西部和北部山区为相对多雹区，有1~3d；秦岭至黄河下游及其以南大部地区、四川盆地、新疆南部为冰雹少发区，在1d以下。

（三）冰雹的危害

冰雹天气是我国的灾害性天气之一。冰雹对农作物的危害主要是雹块和大风对农作物和牲畜的机械杀伤，使农作物叶片破碎、茎秆折断、倒伏、花蕾果实掉落。冰雹的危害程度取决于雹块大小、持续时间、作物种类及其发育阶段。如冰雹大或下雹时间较长，农作物受害就重；豆类、棉花等双子叶作物较禾本科作物受害重；处在开花期或成熟期的作物较处在幼苗期受害更重。猛烈的冰雹还会损坏房屋，人畜被砸伤甚至砸死，给农业、建筑、通信、电力、交通以及人民生命财产带来巨大的损失。据有关资料统计，我国每年因冰雹所造成的经济损失达几亿元甚至几十亿元。

（四）冰雹的防御措施

1. 加强冰雹云的监测。

准确了解积云的发展消亡情况，移动路径，判断是否是雹云等，对防雹减灾作业的决策至关重要。可利用常规雷达和双线偏振雷达相结合，建立相应雷达识别雹云的指标，及时获取信息。还可利用闪电定位系统、卫星遥感监测和识别冰雹云。

2. 建立快速反应的冰雹预警系统。

加强对冰雹活动的监测和预报，当地气象台（站）发现冰雹天气，立即向可能影响到的气象台（站）通报，抢时采取紧急措施，并通过各地电台、电视台、电话、微机服务终端和灾害性天气警报系统等媒体发布“警报”“紧急警报”，使社会各界和广大人民群众提前采取防御措施，最大限度地减轻灾害损失，避免人员伤亡。

3. 建立人工防雹系统。

在冰雹形成的云内人为增加雹胚，如用火箭、高炮或飞机把碘化银、碘化铅、干冰等催化剂带入云中，雹胚数量增加会使每个雹胚平均得到的水汽减少，只能形成小雹粒，从而减弱破坏力。

4. 加强农业防雹措施。

常用方法有：在多雹地带种植牧草和树木，增加森林面积，改善地貌环境，破坏雹云条件；增种抗雹和恢复能力强的农作物；成熟的作物及时抢收；多雹灾地区降雹季节农民下地随身携带防雹工具，如竹篮、柳条筐等，以减少人身伤亡。对受雹灾作物的损失和伤害进行调查，区别不同情况采取补救措施。植株大面积死亡的要及时清理和改种，存活株较多的要及时浇水追肥促进恢复。玉米苗期即使地面以上被砸光，只要仍未拔节，地面以下的生长点未受害，仍能迅速长出。拔节期小麦被砸光后，基部仍能萌发蘖芽恢复生长，只比正常生长点小麦推迟一个多月成熟。

八、大风

（一）大风的概念

在气象上一般瞬时风速达到或超过 17.0m/s（或目测风力达到或超过 8 级）的风称为大风，凡一日中出现过大风作为一个大风日。当风力达到足以危害人们的生产活动、经济建设和日常生活时，就称为大风灾害。影响我国的风灾主要源于与冬季风有关的气旋大风、寒潮大风和夏季的台风、龙卷风、雷暴大风等。

（二）大风的时空分布特征

我国大部分地区 8 级以上大风天数在 5~50d，总的趋势是北方多于南方，沿海多于内陆，高山隘口多于盆地河谷。全国大风天数最多的地区有三个：一是青藏高原大部，年大风日数多达 75d 以上，是我国范围最大的大风日数高值区；二是内蒙古中北部地区和新疆西北部地区，年大风日数在 50d 以上；三是东南沿海及其岛屿，年大风日数多达 50d 以上。

从大风日数的季节变化来看，我国的大风绝大多数地区春季大风多于冬季，夏季最少，秋季与冬季相近，唯沿海因台风影响夏季大风日数增加，具体来说：

（1）春季是我国大风出现最频繁、范围最广的季节。青藏高原和东北两地的大部及内蒙古、新疆两区的部分地区春季大风日数在 10d 以上，局部地区超过 30d；淮河流域至关中及其以南大部和塔里木盆地、准噶尔盆地在 5d 以下。

（2）夏季，青藏高原大部、西北大部、华北中北部、东北西部及东南沿海一带夏季大风日数为 3~10d，部分地区超过 15d；其余大部地区一般为 1~3d。

（3）秋季是我国大风出现日数最少、范围最小的季节。青藏高原、华北、东北西北大部和东南沿海地区秋季大风日数一般有 1~7d，西藏西北部和内蒙古、青海、四川、新疆等省（区）的部分地区超过 10d，其余地区不足 1d。

（4）冬季，青藏高原大部及内蒙古、甘肃、新疆、黑龙江等省（区）的部分地区季大风日数一般有 5~10d，西藏中西部、青海南部等地超过 20d；其余大部地区在 3d 以下。

（三）大风的危害

大风对农业生产的直接危害主要是造成土壤风蚀沙化，对作物的机械损伤和生理危害（图 4-22），同时也影响农事活动和破坏农业生产设施，如摧毁塑料大棚等。大风会引起风蚀沙化，我国北部和西北内陆地区近半个多世纪以来形成的沙漠化土地约 5 万 km^2。在作物的机械损伤方面，强风可造成农作物和林木折枝损叶，拔根、倒伏落粒、落花、落果和受粉不良等。在植物生理方面，风能加速植物的蒸腾作用，特别在干热条件下，使其耗水过多，根系吸水不足，可以导致农作物灌浆不足，瘪粒严重甚至枯死，还可造成林木枯顶或枯萎等现象。冬季的大风能加重作物的冻害。在东南沿海地区的海风，因含有较高的盐分，可造成盐蚀等，对植物授粉和花粉发芽也有影响。

图 4-22　大风吹倒作物

此外，大风可引起巨浪和风暴潮，传播病虫害和扩散污染物，以及助长森林火灾和城市火灾的发生发展等。春季地表疏松，寒潮大风天气可引起沙尘天气，造成大气污染，给工农业生产和人民生活，尤其是给交通运输带来极大不便，甚至产生灾难性的后果。

（四）大风的防御措施

大风灾害主要是由强风引起，可采取以下防范措施：

1. 加强对大风的监测及预报。

准确的预报是防风的前提，由于科学技术的不断发展，气象部门目前已能较准确地监测和预报热带气旋（台风）和寒潮大风等天气。这样，人们就可以在大风发生之前采取各种防风措施，有效避免或减轻大风带来的损失。

2. 获悉大风警报以后要做好预防工作。

外出的人应尽快回家，船舶应及早驶入港湾，住在湖滨、海边等地区的居民，居于木屋、危房、草棚的住户，以及住所紧靠高压线的人家都应在大风到来之前迁移到安全的地方。另外，大风袭来可能会造成停电、断水及交通中断等情况，为有备无患，各家应适量储存一些米面、蔬菜、饮用水及蜡烛等。

3. 营造防风林，减轻风害。

选择抗风性能强、根系强大的树种种植成行、成网、成带、成片的防风林。扩大绿地面积，改善生态环境条件，削弱风沙危害。

4. 加强防风设施。

架设风障，可防御季节性大风，保护农田，保护蔬菜等保护地设施。我国华北等北方地区，冬春多寒潮大风，为避免作物和塑料大棚、温室等风害，需要在其北侧架设高 1—2m 的风障。风障的有效防风距离为风障高度的 5~8 倍。

5. 抗风品种选择。

选择抗风性强的农作物品种和树种，如选择抗倒伏的品种，矮秆品种，不易掉粒的品种。对于果树类可通过修剪、整形、矮化、密植、化控等方法防止落花、落果。

九、台风

（一）台风的概念

台风是产生于热带洋面上的热带低压。它是热带强大而深厚的气旋性涡旋。根据世界气象组织新规定，中国气象局“关于实施热带气旋等级国家标准”GBT 19201-2006的通知，热带气旋按中心附近地面最大风速划分为六个等级：

超强台风底层中心附近最大平均风速≥ 51.0m/s，也即16级或以上：

强台风底层中心附近最大平均风速41.5~50.9m/s，也即14~15级；

台风底层中心附近最大平均风速32.7~41.4m/s，也即12~13级；

强热带风暴底层中心附近最大平均风速24.5~32.6 m/s，也即风力10~11级；

热带风暴底层中心附近最大平均风速17.2~24.4m/s，也即风力8~9级；

热带低压底层中心附近最大平均风速10.8~17.1m/s，也即风力为6~7级。

气象台发布台风预报时，常对出现在150° E以西、5° N以北的台风，每年按其出现的先后顺序编号。例如，9403号台风，表示1994年出现的第3号台风。国外则对每个台风进行命名。2000年1月1日起按世界气象组织国际台风委员会决定，西北太平洋和南海海域生成的热带气旋，将由来自中国、日本、韩国、朝鲜、中国香港、中国澳门等亚太地区14个国家和地区所提供的140个名字命名。我国提供的10个名字是：龙王、悟空、玉兔、海燕、风神、海神、杜鹃、电母、海马、海棠。

（二）台风的结构

这是卫星云图上的一个台风涡旋，左右对称，中间是台风眼，按台风各部位出现的天气现象的不同，可分为三个区域（图4-23）。

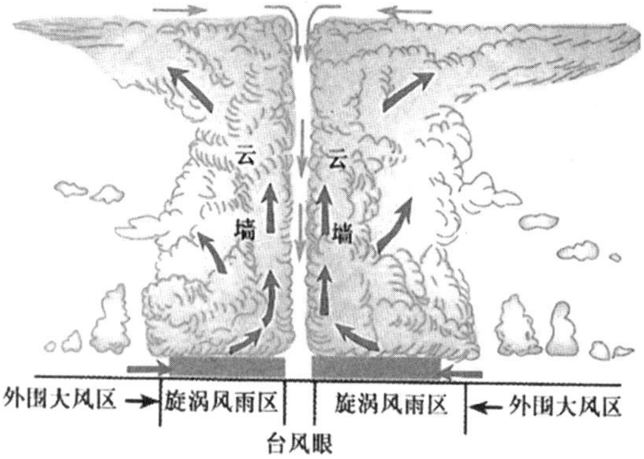

图4-23　台风结构图

1. 外围大风区

由台风的外缘向内直到最大风速区的外缘，半径为200~300km。这是风速向内逐渐增大，可达6~7级，并带有阵性。

2. 狂风暴雨区

它是围绕台风眼外面狭窄的最大风速区和最大的降雨区，宽度约为100km。进入该区，气压急剧下降，风力猛增，这里盛行强烈的辐合上升气流，形成台风的涡旋云区，由积雨云组成十几公里高的云墙，宽度为10~20km，在云墙下经常产生狂风暴雨，雷电交加，海浪滔天。一次降水，可达300~400mm，最大降水量可达1000mm。风速可达60~70m/s，狂风暴雨区，是台风中最易发生灾害的区域。

3. 台风眼区

台风眼为台风的中心，其范围很小，半径为5~30km，在卫星云图上看台风眼仅为一个小黑点。由于台风眼区有下沉气流，天气晴朗，静稳无风，温度较高，气压最低。

（三）台风的形成

台风的形成必须具备以下条件：

（1）要有广阔的洋面，温度在26.5℃以上，洋面蒸发大量水汽。高温高湿的低层大气层结很不稳定，蕴藏较大能量。

（2）低层存在热带扰动，可使空气上升释放潜热，形成热带气旋性旋涡。

（3）要有足够大的水平地转偏向力，可使热带扰动辐合气流形成气旋性涡旋，所以台风常离赤道5~8°以外洋面形成。

（4）基本气流垂直切变要小，通风不好，凝结潜热始终在有限范围加热，很快形成暖心结构，保证初始扰动地面气压不断降低。

（四）台风的移动路径和活动季节

影响我国天气的台风源地，主要集中在北太平洋西部的菲律宾以东洋面、关岛附近洋面，以及我国的西沙群岛和南沙群岛附近的洋面上。以上这些地区，每年都可以生成台风，平均每年可生成29个，主要集中在7至10月，尤以8月最多。在我国沿海地区登陆的台风，平均每年有6至8次，最多达10至11次，最少为1至3次，主要集中在7、8、9月三个月。

发生在西太平洋地区的台风，其移动路径大致可归纳为三条（图 4–24）。

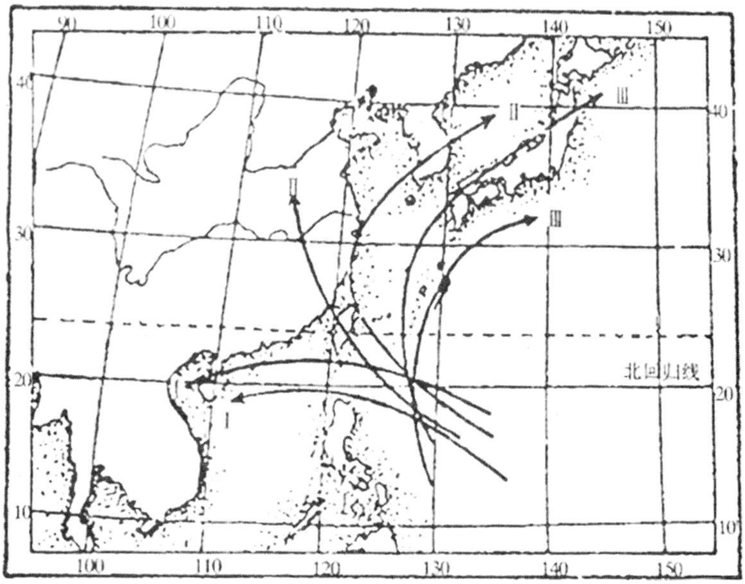

图 4–24　台风的路径

1. 西移路径。

台风从菲律宾以东洋面向西北偏西方向移动，经我国南海，在华南沿海、海南岛或越南一带登陆，对我国华南沿海地区影响最大。

2. 西北路径。

台风从菲律宾以东洋面向西北方向移动，穿过琉球群岛，在我国浙江沿海登陆；或向西北偏西方向移动，横穿台湾海峡，在福建、浙江沿海一带登陆。台风登陆后，一般在我国大陆消失，西北路径的台风对我国华东地区影响很大。有的台风在深入内陆减弱成低气压后虽然风力已不大，但常发生特大暴雨，如 1972 年 7 月底台风深入京津，1975 年 8 月上旬台风深入河南中部，1994 年台风进入辽西，2004 年深入华北的麦莎台风都造成了局地的特大洪涝。

3. 转向路径。

台风从菲律宾以东向西北方向移动，到达我国东部海面或在我国东部沿海地区登陆后，在 25° N 附近折向东北朝日本方向移去，路径呈抛物线状。转向路径的台风，对我国东部沿海地区及日本影响较大。

以上仅为典型路径，实际上，在不同季节里，由于环流形势的差异，其具体路径也较复杂。总的来说，6月以前和9月以后，台风主要走西路和转向路径。7至8月的台风则主要走西北路径。

（五）台风的时空分布特征

台风登陆的地区几乎遍布中国沿海，据统计，我国平均每年有2.7个风速≥32.7m/s的台风登陆，最多年达9个（1961年）。台风的登陆地点大多集中在东南沿海、台湾和海南岛。其中，台风影响的主要地区是华南和华东地区，以华东地区受影响的频数最多，年均5.8次，华南地区受影响的频数为年均5.1次，华中地区受影响的频数为年均1.5次，东北地区受影响的频数为年均1.0次，华北地区受影响的频数最少，年均仅为0.4次。登陆台风在4至8月间频数增加，引起的大风范围逐渐扩大，一面沿海岸线向北推进，一面向西影响到我国中东部的内陆省份；在9至11月间频数减少，范围逐渐往南往东消退，引起的大风在华南至华东的沿海地区基本上能达到7级或8级，在其他地区大部分为6级；在7至10月，还能在华北沿海及内陆省份的部分地区引起7级大风。

（六）台风的危害

台风是一种破坏力很强的灾害性天气系统，其危害性主要有三个方面：

1. 大风。

台风中心附近最大风力一般为12级以上，大风可毁坏建筑物，折断林木及农作物，恶化环境等。

2. 暴雨。

台风是最强的暴雨天气系统之一，在台风经过的地区，一般能产生150~300mm的降雨，少数台风能产生1000mm以上的特大暴雨。暴雨导致山区半山区山洪暴发，可引发山体滑坡、泥石流等地质灾害。夹带沙石、泥土的洪水威力大、破坏性强，往往损坏防岸、漫堤决堤、堵塞涵洞、冲毁道路桥梁、填埋农田、毁坏村庄，严重危及人们的生命财产安全。

3. 风暴潮。

所谓风暴潮，就是当台风移向陆地时，由于台风的强风和低气压的作用，使海水向海岸方向强力堆积，潮位猛涨，水浪排山倒海般压向海岸。强台风的风暴潮能使沿海水位上升5~6m。严重时风浪可能掀断缆绳，致使船只随波逐流，极易撞毁桥梁、码头、海堤、江堤、造成恶性事故。

（七）台风预防措施

我国是世界上台风灾害较严重的国家之一，台风给我国东南沿海各省市的工农业生产、交通运输和人民生命财产安全造成严重威胁和极大损失。结合台风自身的规律和特征，提出以下台风防御对策：

（1）增强全社会的防灾意识。在台风造成的损失中，有很多源于防灾自救意识的单薄或空白。因此，应进一步强化政府的防台风抗台风责任意识，并通过宣传、教育、培训等多种活动，普及自救互救知识，提高防台风抗台风的能力。

（2）营造农田防风林网，减弱风速，沿海地区营造防风林还可以防止海风侵袭，减少空气中的盐分，对防止土壤盐渍化、保护农田有良好的效果。

（3）在沿海地区每年台风季节来临前要加固海塘堤坡，并随时对堤基进行加围、提高，防止巨浪和海潮的冲击，海水倒灌等。

（4）在经常受台风侵袭的地区，改进种植制度，合理布局作物，使农业生产关键时期避过台风盛期。引进推广抗逆性强的作物，从品种结构上避灾。

（5）加强台风检测系统建设，提高预报准确率。在台风袭击前，可先排放农田和河塘水库的蓄水，降低水位，为暴雨腾出塘库容量。侵袭后，要及时排去农田积水，及时抢收，力争把损失减到最小。

（6）完善政策，增强抗灾救灾保障能力。加大财政投入力度，建立健全救灾物资储备制度并大力实施农业保险制度，使灾后损失降到最低。

十、龙卷风

（一）龙卷风的概念

龙卷风是在极不稳定天气下由空气强烈对流运动而产生的，由雷暴云底伸展至地面的漏斗状云（龙卷）产生的强烈的旋风，一般伴有雷雨，有时也伴有冰雹。龙卷风的生存时间一般只有几分钟，最长也不超过数小时，直径一般在十几米到数百米之间。虽然影响范围很小，但在龙卷风的中心气压可以比周围气压低百分之十，风力特别大，在中心附近的风速可达 100~200m/s，最大达 300m/s，破坏力极强。

（二）龙卷风的类型

龙卷风的类型很多，可分为陆龙卷、水龙卷、尘龙卷、火龙卷等。

1. 陆龙卷

陆龙卷形成与雷雨云有关（图 4–25），云在激烈的湍流区里形成，酿成风暴，有时加强成为一股猛烈上旋的温暖气流。陆龙卷的低气压能使建筑物爆炸，其中心的部分真空和强烈上升气流，可造成许多奇异景象，例如把火车车厢从铁轨卷起，抛落在附近地上等。

图 4–25　陆龙卷

2. 水龙卷。

水龙卷（图 4–26）是一种偶尔出现在温暖水面上空的龙卷风，通常持续的时间比陆龙卷长，但威力较缓和。这也许是水面和空气的温差比陆地小，无法形成强烈上升气流的关系。在大西洋百慕大三角发生的许多神秘失踪事件里，有些人认为水龙卷可能是其中部分事件的起因。

图 4-26　多条水龙卷

3. 尘龙卷。

尘龙卷（图 4-27）是热空气柱由地面旋转而上形成的，其力量比陆龙卷小得多，常出现在沙漠地区，有时雪地及水面上也会形成尘龙卷。

图 4-27　尘龙卷

4. 火龙卷。

火龙卷（图 4–28）从火山爆发和大火灾产生的烟和水蒸气中，也可能产生龙卷风，称为火龙卷或烟龙卷。

图 4–28　火龙卷

（三）龙卷风的时空分布特征

我国大部分地区都观测到过龙卷风，多集中在东部地区，南方多于北方，平原多于山区，发生季节以春夏为主，时间多在午后，其中 15：00~16：00 为发生的高峰时段。随着地域的不同，龙卷风发生最多的月份也有差异。在广东，龙卷风发生最多的月份是在 4 月和 5 月，在河北和山东为 7 月和 8 月。江苏省几乎每年都有龙卷风发生，但发生的地点没有明显规律，出现的时间一般在 6 至 7 月，有时也发生在 8 月上、中旬。龙卷风发生的季节变化，与大气环流系统密切相关。江南地区龙卷风发生线的逐月北移大体上与梅雨峰的北上相一致；东北、华北龙卷风发生线的逐月南移与高空冷涡和飑线的活动有关；黄淮平原和长江下游的高发区则与气旋的活动有关。

（四）龙卷风的危害

龙卷风是大气中最强烈的涡旋现象，影响范围虽小，但破坏力极大。在美国，龙卷风每年造成的死亡人数仅次于雷电。它对建筑的破坏也相当严重，经常是毁灭性的。龙卷风经过地面，常会发生拔起大树、掀翻车辆、摧毁建筑物，卷走土壤和地面物体等现象，使成片庄稼瞬间被毁，令交通中断，房屋倒塌，人畜生命遭受严重威胁。龙卷风经过地面，能把千百吨海水吸向空中，使一些地方莫名其妙地下起“鱼雨”“麦雨”“青蛙雨”和“银币雨”。1956 年 9 月 24 日，上海浦东遭龙卷风袭击，强风过处，竟把一个 22 万斤重、三四层楼高的储油罐，抛到 15m 高的空中，扔到了 120m 以外的地方，可见其破坏力之大。当龙卷风扫过建筑物顶部或车辆时，由于它的内部气压极低，造成建筑物或车辆内外强烈的气压差，顷刻间就会使建筑物或交通车辆发生“爆炸”。如果龙卷风的爆炸作用和巨大风力共同施展威力，那么它们所产生的破坏将是极端严重的。

（五）龙卷风的防御措施

龙卷风的破坏力极大，目前还没有办法人为削弱它，但通过植树造林和治理山区，减少水土流失，可以减轻地面的强烈对流，减少龙卷风的危害。运用现代卫星遥感和雷达技术检测龙卷云的发生发展，可以预测其发展趋势和运动方向，提前躲避龙卷风。在野外遇龙卷风时，应寻找与龙卷风路径垂直的低洼区藏身，但要远离大树、电杆，以免被砸伤和触电。树木有一定的挡风作用，可跑进靠近大树的房屋内躲避。如果在建筑房屋时加强房顶的稳固性，将有助于减少龙卷风过境时造成的损失。

第五章

气候与农业

气候是影响农业生产的自然因素中最主要的因素。气候为农业发展提供了光、热、水等能量和物质，某地的气候因素往往决定了该地的种植制度。不同地域气候不一样，作物也不一样。

第一节　气候的形成因素

气候形成和变化可归纳为以下因素：太阳辐射、宇宙地球物理因子、下垫面、大气环流和人类活动等五个方面。

一、辐射因素

不同地区的气候差异和季节交替，主要是由于太阳辐射在地球表面分布不均匀及其随时间变化的结果。

（一）天文辐射和天文气候

（1）太阳辐射在大气上界的分布，称天文辐射。天文辐射能量主要由日地距离、太阳高度角和白昼长短决定。

（2）由天文辐射量所决定的气候称天文气候，它反映了世界气候分布的基本轮廓。

天文辐射的时空分布最基本的特点是太阳辐射量的分布因纬度而异，随季节而变化。这些特点构成了因纬度而异、随季节而变化的天文气候带，即热带、温带、寒带和季节。

（二）地面辐射差额与热量平衡

1. 地面辐射差额。

地球表面的实际气候远较天文气候复杂，这是由于地面温度在很大程度上是由地面辐射差额和热量平衡所决定的。

由于地面净辐射的时空分布与天文辐射有相当大的差距，这是地球上的实际气候比天文气候复杂的原因之一。

2. 地面热量平衡。

组成地面热量平衡的各分量（辐射差额、水相变化、乱流热交换、分子传导），随时空而变化。可见，地球表面实际热量分布不像大气上界天文辐射那样简单，它不仅有纬度带的差异，而且还因地表性质的不均一，如有海面、陆面、距海远近不同等，因而形成各种不同的气候。

二、大气环流因素

大气环流是指地球上各种尺度的有规律的空气流动。通过大气环流，高低纬度之间和海陆之间发生热量交换和水分交换，使各地气候不仅受本地的太阳辐射和地理条件的作用。而且由于气团的运行，还受其他地区特性的影响，在不同纬度的不同环流形势下，形成不同的气候类型。

三、下垫面因素

下垫面是大气的直接热源和水源，它包括海陆、洋流、地形、植被、土壤等的性质及状况等，是形成地球多种多样气候的直接因子。

（一）海陆分布对气候的影响

①海陆之间温度的日较差和年较差不同：在通常情况下，大陆的增热、冷却较海洋剧烈些，所以，无论温度的日较差和年较差，大陆上均大于海洋面。温度年较差的大小，常作为区别大陆性气候和海洋性气候的重要指标之一。

②高低气压活动中心的形成：由于季节的交替，海陆特性的差异，形成了夏季大陆是热源，海洋为冷源，冬季大陆为冷源，海洋为热源。热源有利于低压系统的出现和发展，冷源有利于高压系统的形成和加强。其结果可将气压带和行星风带分为若干个高低气压活动中心，这些活动中心在气候形成过程中起着重要作用。

③气象要素的差异：一般离海洋近，空气中水汽含量就多，湿度也大，必然云量和降水也多。离海洋远的大陆内部地区，则湿度小，降水稀少。同时，海陆分布对风向、风速也有影响。海岸附近具有以一日为周期的海陆风；有的地方还存在以一年为周期的季风。

（二）海气相互作用和洋流对气候的影响

洋流是大规模的海水在水平方向上的运动。从低纬度流向高纬度，其温度比所经过的海域高，称为暖流；反之，称为寒流。在北半球低纬度洋面上，海水绕副热带高压作顺时针方向流动；高纬度洋面上，海水绕副极地低压作逆时针方向流动；南半球则相反。在赤道附近洋面上，信风推动海水自东向西流动。因此，北半球低纬度大洋东边为寒流，西边为暖流。

（三）地形条件

地形对气候的影响有两个方面：一是地形本身所具有的气候特点；二是高原和山脉对邻近地区气候的影响。

1. 地形本身所具有的气候特点。

（1）高山上的气温随着高度的增加而降低。

（2）山地的降水量在一定范围内，随着高度的增高而增加，特别是迎风坡更为明显。

（3）在迎风坡，气流被迫上升，雨量丰沛；背风坡，气流下沉，雨量稀少。

（4）高山气候类型多样。

2. 高原和山脉对邻近地区气候的影响。

山脉能阻滞气团和锋面移动。如东西走向的山脉，使北方冷空气不易南下，南方暖空气难以北上，结果是一山之隔，气候却悬殊。例如，横贯我国中原地区的秦岭山脉，山南山北的温度和雨量相差很大。高大的山脉常常成为气候的重要分界线。

（四）洋流

大规模的海水在水平方向上的定向流动，称为洋流。从洋流的性质来说，可分为暖流和寒流两种。

（1）暖流是指从低纬度流向高纬度的洋流，其温度较经过的洋面为暖，如黑潮和墨西哥暖流等。

（2）寒流是指从高纬度流向低纬度的洋流，其温度较经过的洋面为冷，如亲潮和加利福尼亚寒流等。

暖流可以携带大量热量到高纬度，使高纬度海水得到增热；寒流输送大量冷水到暖海中，使低纬度海水从而降温。这不仅使得高低纬度海水热量得到交换，而且可以调节海上空气温度，调节纬度间的温差。

（3）受暖洋流影响的地区，气候比同纬度的各地温暖湿润，雨量丰沛。

（4）受冷洋流影响的地区，则气候较同纬度的各地寒冷、干燥。

例如，西北欧地区因受墨西哥暖流影响，冬季特别温暖；而北美东岸因拉布拉多寒流的影响，冬季比同纬度的西北欧冷得多。

可见，海陆分布，地形条件，洋流作用对一地气候的形成都有较大的影响。而土壤质地结构，覆盖物种类等对一地气候也有一定影响。

四、人类活动对气候的影响

（一）改变下垫面性质

下垫面性质的改变，必然使相应范围的气候发生变化。例如，滥伐森林、盲目开荒等可以造成植被破坏，使这些地区的气候逐渐干旱。人类可以通过灌溉、植树造林、建造水库等改造干旱气候。

（二）改变大气成分

人类活动使大气中二氧化碳、水汽、尘埃逐渐增加，从而影响大气辐射热能的收支，导致气候变化。二氧化碳的温室效应、尘埃的阳伞效应和释放热量等。

第二节　气候带与气候型

一、气候带

世界气候复杂多样，可以说一个地方就有一种气候，为了便于研究气候和应用气候，必须划分气候带和气候型。在进行气候带与气候型的划分时，由于目的任务不同，所采取的分类原则和依据不同，各气候学者所做的分类是多种多样的。这里所列举的气候带和气候型，基本上是综合通常使用的划分方法来介绍的。

以纬度、气温、降水为基础，并参照自然植被的分布而确定的气候带。

（一）赤道气候带

赤道气候带位于10° S~10° N。赤道气候终年高温，年平均气温在25~30℃，最冷月平均气温 >18℃，气温年较差小于日较差，晴朗夜晚可低达14℃，故夜晚有“热带之冬”的称呼。

赤道气候带为地球上平均降水最多的地带，年降水量一般在1000~2000mm或更多，地形雨发达的地方，可达10000mm。

赤道气候带植物生机终年不断，它们的开花、结实、播种、生长、死亡，常常同时进行，没有季节更替现象。自然植被极为繁茂，具有多层林相，乔木，灌木，匍匐植物，攀缘植物，附生植物和寄生植物等。土壤是红壤。

（二）热带气候带

热带气候带位于南北纬 10° 到回归线之间。温度接近赤道气候，但气温年较差较大，最热月之温度超过赤道气候带，冷季可有霜。雨季之前为热季，雨季之后可以出现第二个热季，但较前一热季温度为低，故称凉季。所以本气候带有热、雨、凉三个季节。

热带气候带年降水量一般在 1000~1500mm，愈近赤道愈多，愈远赤道愈少，全年具有明显的旱季，并且愈远赤道愈长。雨量年际变化超过赤道气候，故易出现旱涝。

热带气候自然植被为疏林草原。因为本气候带夏季为雨季，适宜发展农业，盛产稻棉等喜温作物。

（三）副热带气候带

副热带气候带位于南北回归线至 33° 之间。因为它处于副热带高压和信风控制下，高温少雨，地面缺乏植被而多沙漠。世界最大的沙漠如北非的撒哈拉，西南亚的阿拉伯等，都是副热带沙漠。

（1）副热带气候的气温年较差和气温日较差均较赤道气候和热带气候更大。

（2）在沙漠气候条件下，因受水分限制，植物或具贮水组织，或改变叶态以减少蒸发，或缩短其生长期。土壤碱性很高。

（3）副热带气候年降水量大多在 100mm 以下，沙漠边缘则较多，可达 250mm 以上，具有显著的年变化。

（4）生长在热带沙漠气候条件下的植物，因为受到水分供应的限制，或具贮水组织，或则改变叶态以减少蒸发，或缩短其生活过程。当雨水降落后，即迅速恢复生机，形成降雨之后，遍地花草，但历时甚短即结实枯槁。随着沙漠气候区降水条件的不同，有些地区为没有植被的纯沙漠，而在最有利条件下，则是灌木荒漠。

（四）暖温带气候带

暖温带气候带位于南北纬 33~45° 。暖温带气候就是以柯本的暖温多雨气候为主的气候。

（1）夏季，它在副热带高压控制和影响之下，具有副热带气候的特点，冬季在盛行西风控制之下，气旋过境频繁，具有冷温带气候的特点。这样，使得这一气候带的大陆西岸气候在夏干冬湿的特点，并以地中海周围表现得最明显和最典型，故通称为“地中海气候”。

（2）暖温带大陆东海岸的气候，一股均具有季风性，以夏季降水为多，而且南扩到纬度 33° 以南，如我国的华中、华南即是如此。

（3）暖温带大陆东西两岸，自然植被显著不同，农业生产也不一样。西岸地中海气候，夏温虽高，但失之于旱，冬雨虽多，但失之于冷，所以不宜于乔木的生长，仅为矮小林木和灌木的混交林。因为冬温不过低（>10℃），灌木多常绿，副热带果树如柑橘，柠檬可繁殖，再加夏季干燥对葡萄等生长很有利。

（4）大陆东岸，夏湿而漫长，自然植被为阔叶树与针叶树的混交林。有些阔叶树为落叶的，很适于落叶果树的生长，副热带果树也可生长，唯冬季偶受冻害。在农业上，大陆西岸夏季具备灌溉条件的，虽可种植水稻等作物，但不及大陆东岸为优越。唯东岸由于高温和相对多雨，化学作用和淋溶作用都较快，土壤多属红壤和黄壤的森林土，比较瘠薄。

（五）冷温带气候带

冷温带气候带位于南北纬 45° 到极圈的西风盛行带。

（1）在大陆西岸为常年盛行西风的向岸风，并受暖洋流的影响，气候具有海洋性，为柯本的常湿温和气候。由此向东，海洋性渐趋不显，逐渐变为大陆性，为柯本的干燥气候。

（2）在亚欧大陆的东岸，冬季盛吹干冷的离岸风，大陆性尤显，为柯本的冬干寒冷气候。土壤以灰土或灰棕色灰化土为主。

（3）冷温带气候表现为海洋性的，有加拿大的西海岸，智利南部的西海岸等，它的特点是湿润多云，夏不热，冬温和，全年各季降水都比较充足，冬半年常较夏半年为多。一般说来，这种气候因云雾多，日照少，对农业生产来说是不理想的。

（4）表现为大陆性的冷温带气候，在内陆与暖温带，副热带干燥气候区相联结，如中亚细亚和我国蒙新地区，它的气候特点是气温年较差和日较差均大，夏可以很热，冬可出现严寒，降水均稀少。在南部天然植被以落叶林为主，农业以玉米为主，故有人称这种气候为“玉米气候”。

（5）在北部植被为针叶林，林木丰富仅次于赤道雨林气候。大多种植春小麦，也有人称这种气候为“春小麦气候”。

（六）极地气候带

本气候带在亚欧和北美大陆限于北极圈以北，在海洋上偏南10个纬度。在南半球因为大陆面积小，它在低纬方向的界限在南纬45~50° 之间。本气候带最热月月平均气温在10℃以下，其中最热月月平均气温不足0℃者，为冻原气候，在0~10℃者，可以生长苔原植物，称为“苔原气候”。这两种气候分类和名称都和柯本的分类相同。

冻原气候的年平均气温是世界上最低的。正是由于冷的关系，空气下沉，降水稀少，降下冰雪全年不融，缺乏植被。

二、气候型

在同一气候带里，常由于地理环境的不同，出现不同的气候型，相反，在不同的气候带里，由于地理环境近似，可以出现同类的气候型。下面介绍几种主要的气候型及其气候特点。

（一）海洋气候与大陆气候

这是两个不同类型的气候，在气候特点上几乎完全相反。

（1）海洋性气候的特点是夏季凉爽，冬季温和，秋温高于春温，气温日、年较差均较小。一年间最热月和最冷月出现时间较迟，最热月出现在8月，最冷出现在2月。相对湿度大，且年变化小。云雾多，日照少；降水丰沛，且季节分配比较均匀，冬半年略多于夏半年。

（2）大陆性气候夏季炎热，冬季寒冷，春温高于秋温。最冷月出现在1月，最热月出现在7月，气温日较差和年较差均大。相对湿度小，且年变幅大。云雾少，晴天多，日照丰富，降水量多集中在夏季，冬季干燥，降水变率较大。

（二）草原气候与沙漠气候

这两种气候型在性质上都属大陆性气候，只是大陆性程度不同。它们的共同特点是气温日、年较差大，降水量少且集中在夏季，蒸发量大，日照充足，风沙多，尤其春、冬两季为甚。

草原气候分为温带草原气候和热带草原气候。

（1）温带草原气候冬寒夏暖，年降水量不超过450mm，有些地方在250mm以下。

（2）热带草原气候夏季湿热，冬季温暖干燥，年降水量在200~750mm，干湿季节分明。

（3）沙漠气候是极端干燥的大陆性气候。它的特点是空气中水汽少，太阳辐射强，昼夜温差大，降水少，蒸发旺盛，蒸发量远远大于降水量，年平均相对湿度在40%以下，气候极其干燥。因此，自然植被缺乏。

（三）季风气候与地中海气候

（1）季风气候的特点是夏季炎热多雨，冬季寒冷干燥。夏季具有海洋性，冬季具有大陆性。

季风气候由于夏季热而多雨，所以森林繁茂，盛产稻、棉、麻、茶、竹和油桐。冬季冷而干燥，所以林木以落叶为主，越冬作物要能抵抗低温。

（2）地中海气候则不同，夏季高温干旱，冬季温和多雨。夏季具有大陆性，冬季具有海洋性。地中海气候由于夏热而干，冬温而湿，故植物可以常绿不凋，副热带果树如柑橘、柠檬可以生长良好，越冬少受冻害。

（四）高山气候与高原气候

高山与高原的海拔高度高，对于气象要素的影响是有共同之点的。但就气候来说，它们异多而同少。如果说高山气候具有海洋性，则高原气候具有大陆性。

（1）高原由于陆地面积大，夏季和白昼，在强烈的太阳直接辐射下增热。成为同一高度大气层的热源。冬季和夜晚，由于地面有效辐射强烈，成为同高度大气的冷源。因此，高原上温差较大。

（2）高山山巅因为陆地面积小，增热冷却比较暖和，所以温差较小些。

第三节　中国气候特征

中国位于欧亚大陆的东部和太平洋的西岸，自南向北跨赤道带、热带、亚热带和温带，拥有世界最高大的青藏高原，并与中部山地、盆地及东部的平原、丘陵构成三大地理台阶，由于中国的地形地势复杂，形成了多样的气候特点。

一、季风显著

（一）风向季节变化明显

冬季盛行西北或东北季风，夏季盛行东南或西南季风。夏季风 3 月初开始影响华南，4 月扩展到长江沿岸，5 月波及淮河流域，6 月到达华北和东北，7 月为夏季风极盛期，已达 55° N 附近。8 月中旬夏季风减弱南退，9 月东北、华北已为冬季风控制，东部沿海及长江流域此时已受到冬季风的影响，10 月中旬以后，全国皆为冬季风所控制。

（二）季风区温度与降水特点

中国季风按属性分为热带季风和东亚季风。热带季风主要分布在两广和云南南部。其特点是冬、夏温度变化缓和，形成明显的雨季和旱季。夏季为西南季风，冬季为东北偏东风。东亚季风按地理纬度分为副热带季风和温带季风。大致 34° N 以南为副热带季风区，最冷月平均温度在 0~8℃，雨季主要在夏季和秋季，年降水量在 800mm 以上；34° N 以北为温带季风区，最冷月平均温度在 0℃以下，雨季主要在盛夏，年降水量小于 800mm。雨季起讫日期与季风进退日期一致。降水量的多少与夏季风影响的程度密切。夏季风影响的强度及持续时间均为东南甚于西北，因此降水量地区分布总趋势也为自东南向西北递减。

每当冬夏季风出现一次明显的进退时，气温便有一次明显的下降或上升。各地夏季风开始，雨季亦开始；夏季风撤退，雨季即结束。中国季风与北美东部相比，后者虽亦显示季风性，但不如中国风向随着季节变化明显，同时在季节性温度、降水的变化上不如东亚悬殊。

二、大陆性强

大陆性气候表现为：气温的日、年变化大；冬季寒冷，南北温差大，夏季炎热，全国普遍高温。最冷月多出现在 1 月份，最热月多出现在 7 月份；南、北温差冬季远大于夏季；春温高于秋温。表示大陆性气候强弱程度还可用焦金斯基大陆度公式表示：

$$K = 1.7\frac{A}{\sin\varphi} - 20.4 \qquad (5\text{–}1)$$

K 为大陆度，A 为年温差，φ 为纬度。$K>50$，为大陆性气候，$K<50$，为海洋性气候。

按上式计算，我国仅华南沿海属于海洋性气候，其余为大陆性气候。

三、温度差异大

（一）温度的时间变化

最热月在 7 月，最冷月在 1 月。温度年较差北方大于南方，西部大于东部。

春秋温升降北方快于南方，内陆快于沿海。气温日较差各地参差不一，北方春季最大，南方秋季最大；内陆大于沿海。

（二）温度的空间分布

以 1 月份代表冬季（图 5–1）。1 月等温线大致与纬线平行。南北温差大，如哈尔滨与广州之间，1 月份平均气温相差 32.7℃，温度梯度约 1.0℃ /（100km）。0℃线是我国冷暖气候分界线，经过淮河、秦岭折向青藏东南部。1 月平均气温有两个高温区和低温区。前者在海南岛南部（≥ 20℃）和台湾省南端（≥ 16℃以上）；后者在新疆的富蕴地区（<–20℃）和黑龙江漠河地区（<–30℃）。

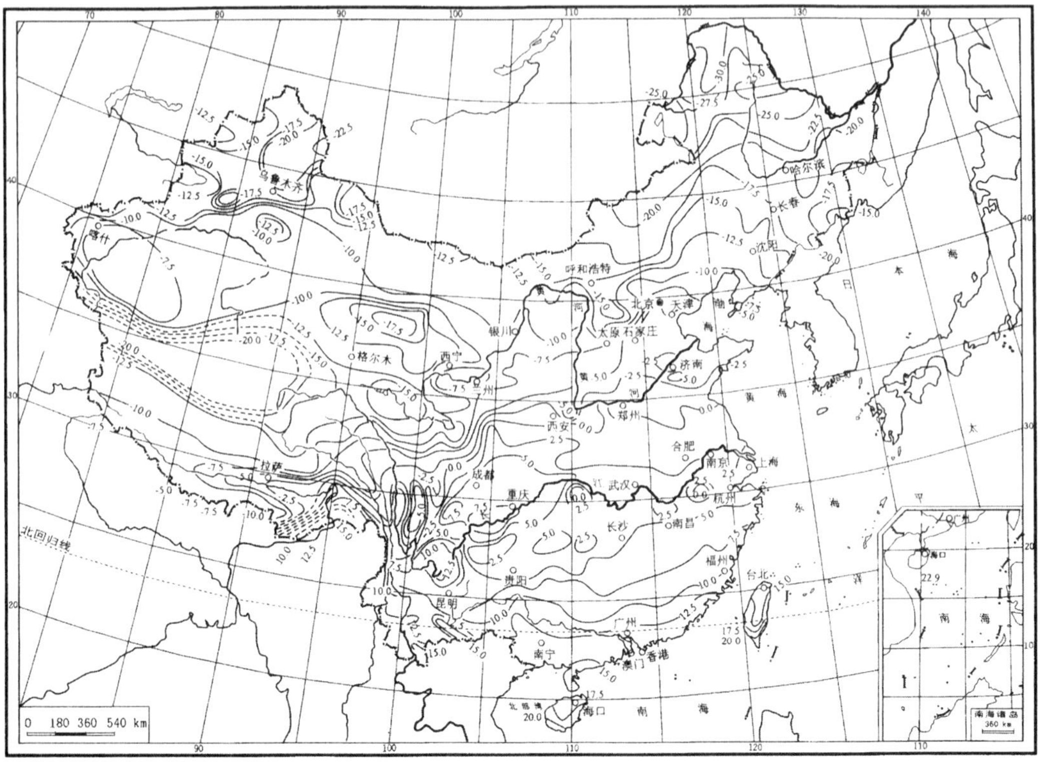

图 5–1　中国 1 月平均气温分布图

以 7 月份代表夏季（图 5–2）。盛夏 7 月份有两个高温区：一个在淮河以南及川东，平均达 28℃以上，号称长江流域“三大火炉”的重庆、武汉、南京分别为 28.6℃、28.8℃、28.2℃，都位于这一区内；另一个在吐鲁番盆地，7 月份平均高达 32.7℃，遥居全国之冠。7 月份全国各地到处都在炎热，夏季南北温差小，如哈尔滨与广州之间，7 月份平均气温相差 5.6℃，温度梯度约 0.17℃ /（100km）。

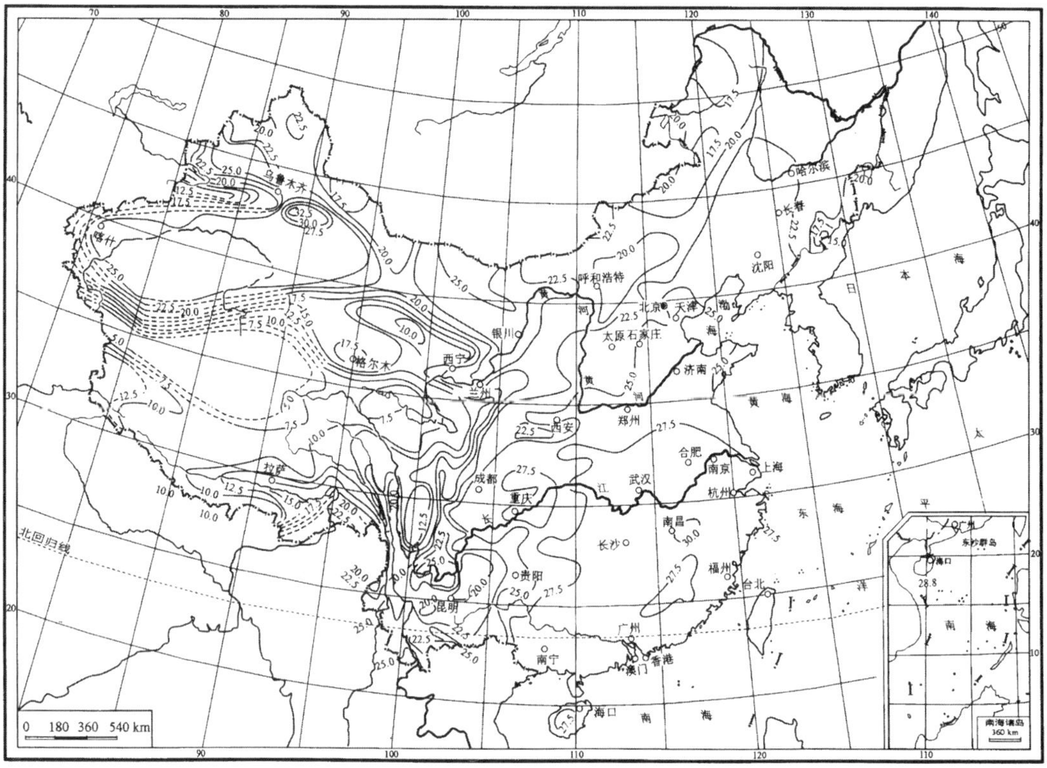

图 5–2　中国 7 月平均气温分布图

四、降水复杂化

降雨量与气候的季风性、大陆性紧密相关，尤以季风性为甚。

（一）降雨的空间分布

1. 季风的影响。

中国年降雨量与世界同纬度地区相比，在 33° N 纬线以北地区，降雨量偏少，多数地区在 100~600mm；而世界同纬度地区除荒漠地区外，一般都在 1000mm 以上。33° N 纬线以南地区，降雨量偏多，年雨量多数地区在 500~1800mm。

全国平均年降雨量约 629mm，但地区分布很不均匀，一般是自东南向西北递减（图 5-3）。两广地区年降雨量在 1500mm 以上，1000mm 的年降雨量线位于长江北岸，华北平原约 500mm，西北内陆少于 250mm。

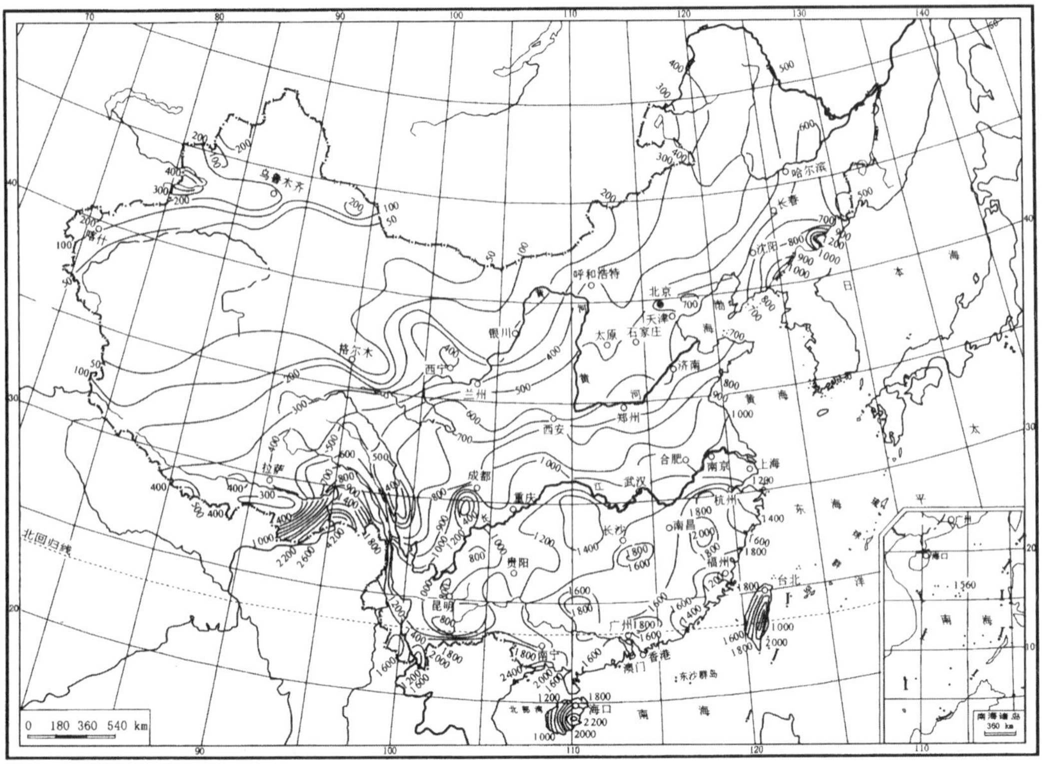

图 5-3　中国年降水量分布图（mm）

降雨量 400mm 等值线，大致与夏季风在盛夏季节影响的北界和西界基本一致。等值线东起大兴安岭，经呼和浩特、兰州，止于雅鲁藏布江河谷，把中国分成东南半壁的湿润区和西北半壁干旱区。400mm 等年雨量线以北、以西地区，受地形和远离海洋的影响，除天山北坡和祁连山年降水量可达 600mm 以上，其他地区均不足 200mm，柴达木盆地、塔里木盆地、吐鲁番盆地年降水量均在 25mm 以下。托克逊是中国年降雨量最少的地方，平均只有 5.9mm。

800mm 年雨量线，东起青岛，向西经淮北、秦岭、川西，止于西藏高原东南角。这条等值线与 400mm 等值线之间，为夏季风影响时间较短的地带，一般为 7、8 两个月，但该地带的东部和迎夏季风的山坡，年降雨量可达 600~1000mm。

2. 地形的影响。

山系走向和海拔高度对降水量的影响表现在向风坡和背风坡雨量差异很大。由于山系坡地随季节而有向风和背风的交换，不同坡向雨量季节的变化加大，如长白山山脉夏季迎风坡的丹东 7 至 8 月雨量为 533.9mm，全年达 1019.1mm；而背风坡的营口，7 至 8 月仅有 334.9mm，全年为 667.4mm。

降雨量在一定的海拔高度以下随高度的增加而增加。如秦岭北坡最大降雨高度在 1400m，年降雨量为 1084mm，比山麓要多 400mm。在 1000m 以下高度降雨递增率为 71mm/100m；在 1000~1400m 递增率为 17mm/100m。1400m 以上降雨量随高度增加反而递减，在 1400~2000m 的递减率为 26mm/100m。

（二）降雨的时间分配

1. 降水集中在夏季。

中国降雨状况主要决定于夏季风的进退，故降雨集中在夏季。秦岭淮河以北夏季降雨量占全年的 60% 以上，秦岭淮河以南约占 40%。这种雨热同季的气候特征对农业生产总体上是有利的。

华南、南岭以南最多雨月是 6 月，次多为 5 月；秋季多台风雨，形成第二个雨季，最多为 9 月，次多为 8 月或 10 月，称为华南双雨季型。

2. 降水变率冬季大于夏季。

就全国而言，中国各地四季平均降水变率冬季最大，特别是降水量最少的 1 月，达 50%~150%；春秋为 40%~80%，最小是夏季 7 月，一般在 25%~50%。上海 4 月变率最小，7 月较大，这正反映了长江中下游地区春雨伏旱的基本特点。成都则以 10 月变率最小，反映了川黔秋雨的特点。7 月变率最小是云南的临沧（17%）、澜沧（18%）和东北哈尔滨（27%）。吐鲁番降水变率全年都大，代表西北干旱地区的一般情况。

第四节　江西气候

江西地处长江以南，南岭以北，其纬度南起北纬 24° 29′ 14″，北抵北纬 30° 04′ 41″，南北长 620km；东经西起 113° 34′ 36″，东至 118° 28′ 58″，东西宽 490km。全省土地总面积 16.6 万 km^2，其中山地占 36%，丘陵占 42%，岗地、平原、水面占 22%，是一个以丘陵山地为主的省份。

江西的地势是，周高中低，由南向北，由表及里徐徐倾斜，最高山峰黄岗山海拔 2158m，是江西的屋脊。境内赣、信、抚、饶、修五大水系贯穿南北东西，最后汇集鄱阳湖，注入长江。因此江西气候是其特定的地理位置及地形、地貌所形成的。

一、气候特征

江西纬度偏低，属亚热带季风气候区，气候温和湿润，四季分明，春秋短而冬夏长；水热资源丰富，但汛期多雨，伏秋少雨，易出现洪涝干旱灾害；其总的气候条件较为优越。

（一）历年气候平均状况

江西历年平均气温 16.2~19.7℃，最热月 7 月，平均气温 27.0~29.9℃；最冷月 1 月，平均气温 3.7~8.6℃；无霜期 241~304d，日平均气温稳定通过 0℃的活动积温为 5913~7191℃，喜温作物生长期间≥ 10℃的活动积温为 5044~6339℃，热量资源丰富。

全年总降水量 1352~2355mm，约 50% 的降水在 4 至 6 月，为 580~1040mm；5 至 6 月最多，月降水量为 180~350mm，12 月和 1 月最少，月降水量为 30~74mm。

全年总日照时数 1474~2078h，7 月份日照时数最多，为 208~282h，2 月份日照时数最少，为 62~112h。

（二）气候变化特征

气候年变化大，特点之一是降水量年际变化明显。自 1954 年以来，年降水量最多的年份为 1975 年，代表站平均降水量 2163mm，最少的年份为 1963 年，代表站平均降水量 1104mm，两者相差 1059mm，即多雨年的降水量约比少雨年多一倍。汛期降水（4 至 7 月 10 日）差异更明显，汛期降水最多的是 1973 年丰城市为 1850mm，最少的是 1963 年遂川县只有 263mm，两者相差 1587mm。

季风气候另一特点是冷暖年际变化十分明显，在冷空气强的年份，无论是春季、初夏还是秋季和冬季均能出现冷害和冻害。极端最低气温冬季以彭泽县 1969 年 2 月 6 日出现 –18.9℃为最低，春季以婺源 1986 年 3 月 2 日出现的 –5.9℃为最低，夏季以景德镇 1961 年 5 月 4 日出现的 6.2℃为最低，秋季以婺源 1971 年 11 月 30 日出现的 –6.4℃最低。春季低温现时，一般伴随着阴雨天气，一次连阴雨低温天气可持续 10 天，但多数年份 3 至 5 天，低温连阴雨的出现，不利于早稻、棉花等春播作物播种、出苗。冬季低温对越冬作物影响较大，1991年12月29日，江西出现了新中国成立以来最严重的冻害，有47个县市极端最低气温突破了历史记录，以奉新的 -15.8℃为最低，蜜橘之乡南丰县降至 -10.8℃，全省柑橘冻害严重，赣北大部50%以上柑橘冻死。

（三）省内不同区域气候差异

1. 热量。

全省热量条件南北差异大，年平均气温南部在18.0℃以上，其中赣南盆地大于19.0℃；北部低18.0℃，其中赣北北部低于17.0℃，南北差异3.5℃。对喜温作物生长具有重要意义的日平均气温≥10.0℃积温全省为5044~6339℃，于都最多，铜鼓最少。宜丰—奉新—景德镇—德兴一线以北地区低于5500℃，赣南盆地高于6000℃，其余地区（局部除外）为5500~6000℃，地理差异1295℃。最冷月平均最低气温全省为0.2~4.8℃，南部高3.0℃，地理差异4.6℃；最热月平均最高气温31.2~35.5℃，赣南南部和赣北低于34.4℃，最高35.5℃出现在吉水；最低31.2℃出现在星子；地理差异4.3℃。由此可见，江西省赣南热量条件明显优于赣中、赣北地区，有利多种经济作物的发展。

2. 降水。

全省降水量东部最多，在1700mm以上，最高达1939mm；九江及吉泰盆地降水最少，低于1500mm；其余地区为1500~1700mm，区域差异明显。4至6月降水区域分布与年降水量基本一致。7至9月伏秋期间的降水量，赣州地区南部和边缘地区10个县为353~430mm，是全省最多区域，其次为井冈山周围三县，宜春、铜鼓至靖安5县市和赣北的修水至德兴等6县市，降水量为350~390mm；全省其他各地为296~344mm。

3. 日照。

全省年日照时数为1600~2100h，最多出现在都昌，崇义最少。中部及西部日照少于1800h，其中西部的山区不足1700h；其余地区在1800h以上，其中鄱阳、乐平、都昌、景德镇、彭泽等地日照最丰富，大于2000h。

（四）局地气候特征

1. 山区夏季无高温。

江西山地面积占全省总面积的36%，其海拔高度为500m以上，主要分布于边陲。其中北部的幕阜山、九岭山、怀玉山和黄山余脉，分别坐落于鄱阳湖两侧，呈东北—西南走向，大部分海拔500~600m，以怀玉山主峰玉京峰1817m为最高峰。东边的武夷山，呈北北东—南南西走向，沿赣闽省界延伸，长达500余km，海拔高度多为

1000~1500m，其主峰为黄岗山，高达 2158m。南缘南岭山脉的分支—大庾岭和九连山，大致呈东北—西南走向，海拔 600~800m，以九连山主峰黄牛石最高，达 1430m。西边的罗霄山脉所属的武功山、万洋山和诸广山，山体呈北北东—南南西走向，海拔 1000m 以上，以万洋山主峰南风面最高达 2120m。气温随高度的增高而下降，江西各地山区气温递减率很相似，最冷月 1 月平均气温递减率为 0.4℃ /100m，最热月 7 月为 0.64℃ /100m。日最高气温≥ 35℃的年平均日数随海拔高度增加明显减少。在海拔 400m 高度，除玉山到贵溪这一高温区外，各地大都在 10 天以下，与赣南南部 6 个县夏季气候相似。海拔 700m 以上基本不出现日最高气温≥ 35℃的情况，山区夏季无高温。既有利于食用反季节蔬菜以及山区作物的生长，又有利于人们避暑消夏。

2. 鄱阳湖风能资源丰富。

鄱阳湖区风能资源丰富，尤其是老爷庙风电场，年平均风速 6~8m/s，且冬季和春季之交（12 月、1 月、2 月、3 月）风速最大，此时正值江西枯水期，有利于风电和水电的互补。

3. 年降水量东部多于西部，山区多于平原。

江西的年平均降水量为 1352~2355mm，是全国多雨省区之一。年降水量的分布随海拔高度的上升呈抛物线形增加，一般高度增加 100m，年降水量增加 50mm。最大降水高度一般出现在 800~1000m，山区降水明显多于平原和低丘。从地区分布来看，东部的九连、怀玉山和武夷山一带是多雨的地区，年雨量多达 1800~2000mm 以上；西部大部分地区为 1500~1700mm。

4. 城市热岛效应。

南昌市是江西省的省会，由于城区的发展，下垫面农田变成水泥地面，工厂、商店林立，人为热的释放增加等原因使其有明显的热岛效应，南昌市城市热岛效应以中弱强度为主，且具有明显的四季变化。一天中，白天 14 时前后最弱，凌晨 2~4 时最强；热岛效应出现的频率冬季最高，夏季最低。

二、气候资源

江西省气候资源的优势是热量较丰富，雨量较充沛，光照充足，无霜期长，山区气候丰富多样。这些优势不仅为农业发展提供了优越的自然条件，而且因为名山众多，四季气候与平原差异明显，形成了独得的风景吸引海内外游客，旅游资源开发前景广阔。

气候资源是所有气象要素，包括太阳辐射、热量、水分、风等组成的综合体。江西省各种气候资源要素因地形复杂而分布多样，其总的分布是：光资源北多南少，热量资源南多北少，水分资源东多西少，风能资源山区、湖区多，平原少。

（一）光能资源

光能资源可用太阳辐射总量、日照时数和日照百分率表达。太阳辐射总量在一个区域内变化不是太大的。南昌年总辐射量为 0.479MJ/cm^2，赣州为 0.468MJ/cm^2。江西年日照时数较丰富，但区域分布不均匀。星子、都昌、德安、永修、景德镇和上饶地区北部超过 1900h，鄱阳湖地区多达 2145h，铜鼓最少，只有 1560h。山区的日照时数也较少，如崇义仅为 1521h。全省日照百分率在 34%~48%，绝大多数地方在 40% 以上。

（二）热量资源

江西热量资源较丰富，历年平均气温 16.4~19.8℃，自北向南递增，平原高于山区。赣东北、赣西北边缘山区和长江南岸一带年平均气温较低，为 16.4~17.0℃；赣南盆地年平均气温较高，为 19.0~19.8℃；其余地区为 17.0~19.0℃。

冬季因受大陆季风影响，不断有冷空气侵入，特别是鄱阳湖区域为向北开口的盆地，冷空气长驱直入，使北部平原气温显著下降，有时伴有雨雪和冰冻。1 月平均气温为 3.5~5.0℃，最低气温更低，可降至 −10℃以下，造成湖面结冰。赣南盆地因受山脉阻挡，加之位置偏南，冷空气的影响较小，1 月平均气温为 7.0~8.0℃，有的在 8.0℃以上，但极端最低气温仍可下降至 −5℃左右。

夏季因受西太平洋副热带高压控制，晴旱酷热，全省 7 月平均气温除周边地区外，南北各地相差甚小，都在 29.0~30.0℃之间，极端最高气温都在 40℃以上，如修水 1953 年 8 月 15 日曾达 44.9℃，同年 8 月 10 日玉山曾出现过 43.3℃的高温记录，全年日最高气温≥ 35℃的天数除鄱阳湖因受湖水调节和龙南、全南、定南等地植被条件较好的山区为 10~20d 外，其他地方都要在 20d 以上，赣东北和赣江中上游一带多达 40~50d，可算是我国的“火炉”之一。

近年来，江西冬季气温和最冷月最低气温逐渐上升，10 年约增加 0.05℃ ~0.19℃；夏季气温最热月最高气温逐渐降低，10 年约降低 0.01~0.17℃；春季和年平均气温，各地有升有降，其幅度均较小；冬季气温略有降低。

（三）水分资源

江西是全国多雨区之一，虽然雨量多，但季节分配不均匀。1 至 3 月降水量占全年的 16%~21%，4 至 6 月降水量占全年的 42%~53%，7 至 9 月月降水量占全年的 18%~27%，10 至 12 月月降水量占全年的 10%~15%。降水量的年际变化很大，如多雨的 1954 年多达 1429~2736mm，少雨的 1971 年降水量仅为 824~1338mm，几乎相差一倍。形成如此分布的主要原因是江西特定的地理位置和地貌及全球气候变化，对降水产生了明显的影响。近年来，江西汛期降水波动加大，造成继 1998 年特大洪涝灾害后，2010 年又出现了危害程度较大的洪涝灾害。

因受季风的影响，每年从 4 月下旬起，暖湿的夏季风便开始盛行，雨量逐渐增加，到春末夏初的 5 至 6 月，冷暖气流带交替于江南地区，降水猛增，月平均降水量一般都有 200~350mm，多雨年份个别地区可达 700~1000mm，7 至 9 月，因受副热带高压控制，除地方性雷阵雨及偶有台风外，雨水稀少，其月平均降水量一般在 100mm 以下。全年雨量最少的出现在 12 月和 1 月，其平均降水量通常只有 40~60mm，少雨年份个别地区甚至全月无雨。

（四）风能资源

江西风能资源虽比沿海、西北等省区少，但鄱阳湖区和少数特殊地形（如山区等）风能资源仍较丰富。且由于滨湖及偏远地区常规能源紧缺和生态环境易遭受污染的原因，江西迫切需要开发利用风能资源。

风能资源一般以有效风能出现的时数，年有效风能和风能密度等参数来衡量。根据风能参数，江西省分为四个不同风能资源区（图 5–4）。

1. 风能资源丰富区。

该区为处风口的鄱阳湖区，面积约 3300km^2。此区风能资源与我国沿海相当，在全国也为风能丰富区。该区年平均风能密度为 70W/m^2 以上，有效风能密度每平方米大于 160W，年有效风能达每平方米 500kWh 以上，有效风力出现时间 3500h 以上，占全年总时数 40%。

2. 风能资源可利用区。

本区包括南昌及沿湖各县一部分滨湖地区，面积约 3900km^2。该区年平均风能密度 50~70W/m^2，有效风能密度在 135~160W/m^2，年有效风能 400~500kWh/m^2，年有效风力出现小时数为 3000~3500h，占全年总时数的 35%~40%。

3. 风能资源季节利用区。

该区包括九江、丰城、鄱阳等市县，约7100km^2。

其余各地区为风能资源贫乏区。

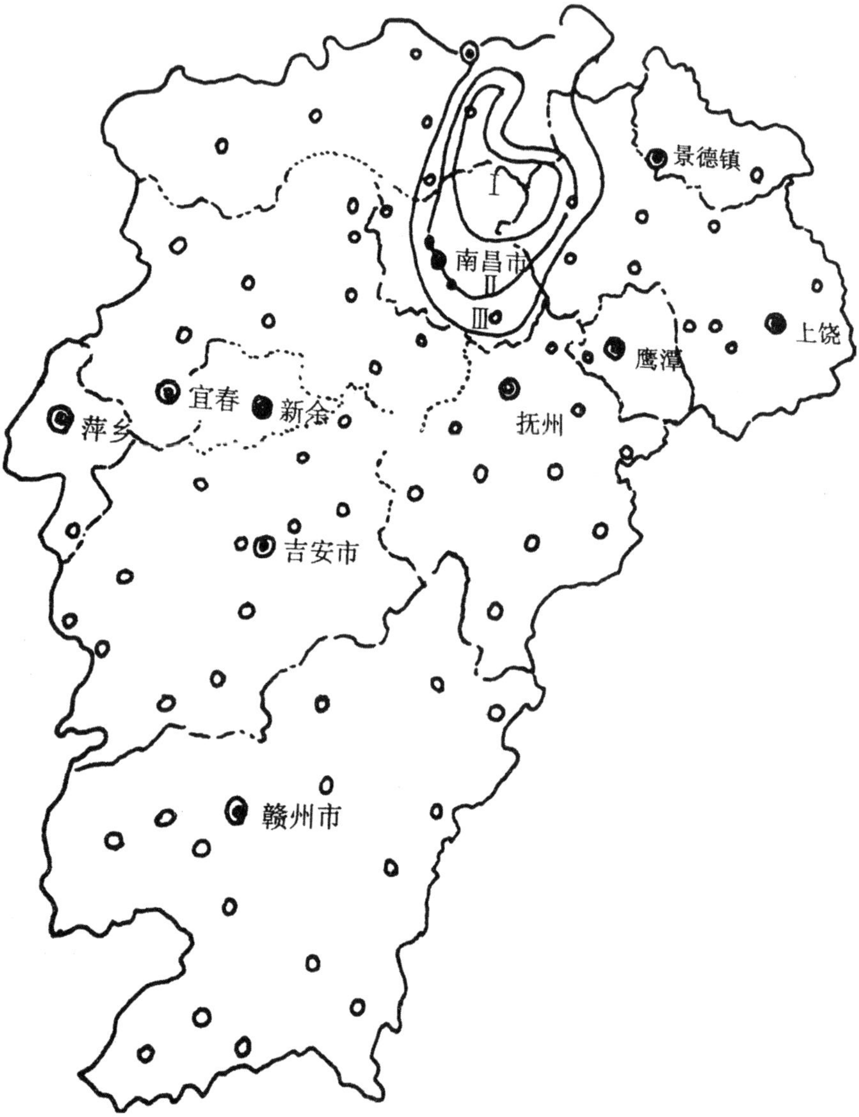

图 5-4　江西风能资源分区

第五节　小气候

一、小气候的概念

小气候就是指在局部范围内，水、热收支差异大而形成的一种特殊的气候。这种气候的特点主要表现在个别要素、个别天气现象的差异上（如温度、湿度、风、降水及雾、霜的分布等），但不影响整个天气过程。于是，在不同下垫面上就形成各种不同的小气候。

二、小气候的特点

（一）范围较小

小气候现象的铅直和水平尺度都很小。一般认为它的铅直尺度大致包括整个贴地气层，在 100m 以内，或更高一些，但主要是局限在 2m 以下的薄层内（这也正是人类活动、动植物生存的主要空间）。水平方向的尺度可以从几米至几十千米或更大一些，因为只有在这么有限的范围内，局部地域下垫面特性的影响才会明显地表现出来。由于它的尺度小，所以小气候差异一般总是在同一天气条件下发生。天气过程只能起加剧或缓和这种差异的作用，而不会使差异发生根本的改变。

（二）差别较大

由于小气候的尺度小，局部地域差异不易被大规模空气运动所混合，所以无论垂直方向还是水平方向的气象要素相差都大。根据一些观测资料，在沙漠地区贴地气层 2m 内，温差可达几十度或更大。在水平方向上从一种下垫面过渡到另一种下垫面，气象要素的分布也可以出现不连续。这种差异在大气候中是遇不到的。

（三）稳定性强

稳定性强是指小气候规律的相对稳定性。由于尺度小，所产生的小气候差异不易被混合，于是各种小气候现象差异就比较稳定，几乎是天天如此。这就使我们有可能通过短时间的实地观测来了解它，而且还有可能作相应的外推。所以小气候观测总是短时期的，季节性的，无须像气象台、站那样成年累月地进行。

三、农田小气候

农田小气候是以作物为下垫面的小气候。它的特点，除决定于地方的自然条件外，在很大程度上，和农田种植的作物种类、生长密度与高度、长势、长相，特别是和作物发育期以及农业技术措施有密切关系，因而可以具体地分出各种作物小气候。

农业小气候是广义的农业生产所形成的各种小气候，除农田小气候外，还包括果园、茶园、桑园、温室、蚕室、畜舍、牧场、森林等各种类型的小气候。

（一）小气候和农田小气候形成的物理基础

凡能借辐射作用吸热和放热，从而调节邻近气层（或其他物质层）温度和湿度状况的表面，称活动面或作用面。

下垫面的特性和结构不同，活动面的位置也不同。在裸地上，土面就是活动面；在水域上，水面就是活动面；在有植被的地方或农田中，植物茎叶大小高低不一，所构成的是一个茎叶和空气、根系和土壤“杂居”的物质层，不存在一个连续的单一的物质交界面。

小气候形成的物理基础：主要是热量基础、能量基础、动量基础。

（二）小气候改善

1. 耕作措施的小气候效应。

（1）耕翻。耕翻使土表粗糙，反射率降低，吸收的太阳辐射有所增加，由于耕翻使土壤疏松，孔隙度增大，空气含量增多，土壤热容量和导热率减小。白昼或暖季，热量积累表层，在耕翻影响的一层中，温度比未耕地的高，而其下层则比较低；夜间或冷季，由于深层向表土输送的热量较小，因而耕地表层的温度比未耕地的偏低，下层则较高。

（2）镇压。土壤镇压是和耕翻相反的压紧措施。镇压使土壤紧密，孔隙度减小，土壤容量和毛细管持水量增加，太阳辐射收入的日总量比未镇压地小，同时，因镇压地的地表温度有显著提高，夏天热空气不容易传入，冬天冷空气不容易传入。

（3）垄作。在垄作的情况下，土壤疏松层后，通气良好，排水力强，对提高土壤表层土温，保持下层土壤水分有良好作用。垄作可以提高日温差。

（4）培土。在农作物根系周围培土，也是一项普遍采用的农业技术措施，由于干燥、疏松的土壤不易传热，它能改善土壤温湿状况。据黄寿波等研究，在晚秋柑橘树根际培

土后，在土墩内不同深度的土温（除 0cm 外）与同一高度的气温比较，在冬季夜间和早晨具有增温作用，其增温幅度在 1.1~5.9℃，而白天则具有降温作用，因而培土使土温日变幅减小，减轻夜间或低温造成对橘树的危害，具有防冻作用。

2. 栽培措施的小气候效应。

（1）间作套种。一般间作比单作增大了全日的密度和叶面积，变平面用光为立体用光，增加了光合面积。套作既有延长光合作用时间的效果，又有增加光合面积、改善通风透光的作用。合理的间套作，增加了边行，加强了株间和田间的乱流，从而改善了通风条件，保证了二氧化碳供应，有利于提高光合效率。

（2）农林间作。在同一块土地上，既从事林业生产，又从事农业（耕作业）或牧业（种草）生产，称农林系统，又称混农林业或农林间作，是农林协调发展，互相促进，充分利用地力，在单位土地上取得最大经济效益和良好生态效益的一种土地经营方式，例如桐—麦间作、胶—茶间作等。

（3）栽培行向。栽培行向对农作物的生长发育影响很大。在中低纬度上半年宜采用东西行向，主要突出光照问题。下半年宜采用南北行向，主要解决温度问题。

3. 灌溉措施的小气候效应。

夏天灌溉可以降温，冬天灌溉可以增温，春、秋灌溉可以保温。

地表灌水后，反射率降低，故太阳辐射收入增加，同时，白昼地表温度降低，湿度较大，有效辐射减小，因而灌溉地净辐射收入比未灌溉地多。

灌溉改变了土壤热特性。灌溉地因热容量和导热率都比较大，白昼增温和夜间降温都比未灌溉地慢得多，灌溉地的地表温度日较差比未灌溉地的小 9.7℃。5cm 土温日较差，灌溉地比未灌溉地的小 1.6℃。在 0~5cm 土层中，土温日较差，灌溉地减小 6.0℃，未灌溉地减小 14.1℃，其减小值灌溉地比未灌溉地少 8.1℃。

随着灌溉对土壤温度的影响，灌溉地贴地气层的空气温度，也发生相应的变化。由于灌溉使地面蒸发耗热显著增加，乱流热交换减小，削弱了空气的增温作用，因而高温阶段，灌溉地气温比未灌溉地低。反之，在低温阶段，则灌溉地比未灌溉地高。这种现象在紧贴地面的气层中，更为明显。在冷季夜晚，灌溉对最低温度的提高是显著的。

与灌溉相反的措施是排水烤田。在水稻的丰产栽培中，为了控制肥水，使稻株生长协调、清秀老健、叶挺茎壮，经常在水稻生长早期排水烤田。早晨或夜间，排水烤田的气温或土温比较低，约降低0.5℃，而正午前后则较高，可提高2.0℃左右，因而排水烤田的稻田温度日较差较大。至于空气相对湿度，在水稻2/3株高处，烤田的稻田湿度比较低，中午前后更明显。

稻田烤田后，改善了土壤通气状况，减少土壤水分，增加温度日较差，减少相对湿度，有利于稻株根系发育，抑制稻株地上部生长，使稻株茎秆内储藏物质增多，抑制病虫害的发生与发展，从而提高水稻产量。